Crispîn Makumbelo El'Shie
Sébastien Luyindula Ndiku
Félicien Lukoki Luyeye

Contribuição para a ecologia urbana

Crispîn Makumbelo El'Shie
Sébastien Luyindula Ndiku
Félicien Lukoki Luyeye

Contribuição para a ecologia urbana

Ecodesenvolvimento, Segurança alimentar, Agricultura urbana 1990 - 2000 cerca de 2025 - 2035 Kinshasa - RD Congo

ScienciaScripts

Imprint

Any brand names and product names mentioned in this book are subject to trademark, brand or patent protection and are trademarks or registered trademarks of their respective holders. The use of brand names, product names, common names, trade names, product descriptions etc. even without a particular marking in this work is in no way to be construed to mean that such names may be regarded as unrestricted in respect of trademark and brand protection legislation and could thus be used by anyone.

Cover image: www.ingimage.com

This book is a translation from the original published under ISBN 978-620-6-70469-0.

Publisher:
Sciencia Scripts
is a trademark of
Dodo Books Indian Ocean Ltd. and OmniScriptum S.R.L publishing group

120 High Road, East Finchley, London, N2 9ED, United Kingdom
Str. Armeneasca 28/1, office 1, Chisinau MD-2012, Republic of Moldova, Europe
Printed at: see last page
ISBN: 978-620-8-10173-2

Conteúdo

Este livro é dedicado ao **Professor Emérito Jacques Paulus SJ**. pelo seu empenho na Ecologia e Agricultura Urbana em Kinshasa através de :

- ^{eme}o seu ensino e investigação no Programa de 3 Ciclos em Gestão Ambiental no Departamento de Biologia, na Cátedra UNESCO e no Departamento de Ciências Ambientais da Faculdade de Ciências da Universidade de Kinshasa;

- o seu serviço aos agregados familiares que tinham pelo menos uma criança em fase III de subnutrição através do projeto Jardins et Elevages de Parcelles (JEEP);

- que nos deixou há quase uma década.

Também dissemos isto a **Marie Makumbelo Nkiri " Santa"** dëcëdëe logo após ter apresentado o primeiro conjunto de resultados deste estudo numa reunião do júri na Universidade de Kinshasa - Kinshasa (Rëpublique Dëmocratique du Congo).

Foi efectuado um estudo sobre a reação da população aos efeitos da expansão urbana em Kinshasa (RD Congo). Os agregados familiares de Kinshasa entre 1990 e 2000, abalados por uma crise multifacetada causada pelos efeitos da destruição da economia devido ao incumprimento das resoluções da Conferência Nacional Soberana, da guerra de libertação e da rutura das vias de abastecimento alimentar da capital, incluíram a produção agrícola urbana entre as soluções para combater os graves problemas de saúde dos seus membros. Um inquérito a uma amostra de 201 parcelas de terreno na Comuna de Limete, a vários agricultores urbanos e estruturas de apoio à agricultura, complementado por um inquérito nutricional a crianças dos 0 aos 5 anos e às suas mães, mostrou que com 19 espécies de hortícolas e 47.000 árvores de 18 espécies de frutos, esta população produzia 33,27 toneladas de legumes e 4.087,00 toneladas de frutos por ano. Com uma produção de 36,67 toneladas, *Mangifera indica*, *Persea americana*, *Elaeis guineensis*, *Carica papaya*, *Dacryodes edulis* e *Musa paradisiaca* (e citrinos) contribuíram com 10,9 g, 6,1 g, 4,5 g, 4,4 g, 1,8 g e 0,6 g de fruta por pessoa por dia, respetivamente. Isto equivale a uma disponibilidade média por pessoa e por dia de 4,54 Kcal, 5,82 Kcal, 14,58 Kcal, 1,04 Kcal, 2,37 Kcal e 0,34 Kcal, respetivamente. Tendo em conta a expansão urbana, a explosão demográfica, a fragmentação dos lotes de habitação, a subdivisão das hortas e os conflitos causados pela competição pelos terrenos agrícolas na periferia da cidade, os agregados familiares de Kinshasa 2025-2035 têm de prever uma agricultura urbana adaptada às cidades que estão a ser construídas. A agricultura sem solo deverá ser integrada para aumentar a disponibilidade de alimentos.
Palavras-chave: ecologia urbana, desplugging urbano, Kinshasa, agricultura urbana.

INTRODUÇÃO

01. Estado da investigação e problemas

A ecologia é o estudo das inter-relações entre os seres vivos e o seu ambiente. Situa esta disciplina no topo da escala organizacional dos seres vivos, onde estuda os processos biológicos ao mais alto nível.

I decosvsteme (floresta, prado ou urbano para os ecossistemas terrestres) é o dogma do ambiente, tal como o ADN é o dogma da genética. Num ecossistema equilibrado, existe um conjunto de trocas recíprocas entre os seres vivos e o seu habitat. Caso contrário, diríamos, parafraseando Dajoz (2000) que retoma a teoria de Clement (1916), que o biótopo exerce uma influência de "ação" sobre a biocenose e esta reage exercendo uma influência de "reação" sobre o seu biótopo (habitat). A um nível mais profundo, concluiríamos que as influências exercidas por um habitat criam uma ação sobre os seres vivos que o povoam. Em contrapartida, estes últimos respondem reagindo para lhes fazer face. Em termos simples, diríamos que os seres vivos estão sempre à procura de estabilidade para sobreviverem num ambiente em constante mudança. O homem não é imune a esta luta.

É por isso que, perante a dificuldade de responder à questão: "como alimentar toda a gente, tendo em conta o número de pessoas que vivem em mais do que uma cidade, sobretudo em termos de calorias, vitaminas, sais minerais e outros nutrientes necessários ao organismo humano"? Ramade acrescenta que "de todos os graves problemas ambientais que caracterizam a época atual, o da disponibilidade de alimentos é suscetível de preocupar o menos pessimista dos ecologistas" (Ramade, 1982).

O problema da disponibilidade de alimentos não pode ser resolvido com slogans e muito menos com importações contínuas de alimentos, especialmente se considerarmos as dificuldades de armazenamento, conservação e a natureza perecível de alimentos como o peixe, os legumes, a fruta e a carne.

A disponibilidade de alimentos é apenas uma componente da segurança alimentar. A segurança alimentar inclui também o acesso económico e físico, a utilização e a estabilidade, bem como a segurança e a qualidade dos alimentos (Banco Mundial, 2023).

De acordo com o dicionário político, a segurança alimentar é a situação que garante a todos os seres humanos, em qualquer momento, a possibilidade física, social e económica de obter uma alimentação suficiente, saudável e nutritiva. Deve ser suficiente para assegurar uma vida saudável e ativa, tendo em conta os hábitos alimentares (https//www.touphie.org.).

A segurança alimentar existe quando todas as pessoas, em todos os momentos, têm acesso físico, social e económico a alimentos suficientes, seguros e nutritivos para satisfazer as suas necessidades dietéticas e preferências alimentares para uma vida ativa e saudável (Comité de Segurança Alimentar Mundial, 2012).

A Declaração de Roma sobre a Segurança Alimentar afirmou recentemente: "Proclamamos a nossa vontade política e o nosso compromisso comum e nacional de alcançar a segurança alimentar para todos e de fazer um esforço incessante para erradicar a fome em todos os países e reduzir imediatamente para metade o número de pessoas subnutridas, o mais tardar até 2015.

Considera-se tradicionalmente que a segurança alimentar tem quatro dimensões ou pilares:

1. accds (a capacidade de produzir os seus próprios alimentos e, por conseguinte, dispor dos meios para o fazer, ou a capacidade de comprar os seus próprios alimentos e, por conseguinte, dispor de poder de compra suficiente para o fazer);

2. disponibilidade (quantidades suficientes de géneros alimentícios, provenientes da produção interna, das importações ou da ajuda) ;

3. qualidade (dos alimentos e dos regimes alimentares do ponto de vista nutricional, sanitário e sociocultural);

4. estabilidade (das capacidades de acesso e, por conseguinte, dos preços e do poder de compra, da disponibilidade e da qualidade dos géneros alimentícios e dos regimes alimentares).

Nesta perspetiva, a segurança alimentar tem uma dimensão mais técnica. Isto distingue-a dos conceitos de autossuficiência alimentar e de direito à alimentação, que têm uma dimensão mais política ou jurídica.

As importações comerciais de alimentos são de facto subsidiadas (Gossens et al., 1994), mas não garantem de modo algum que todas as camadas da população tenham acesso a alimentos de boa qualidade, em quantidade suficiente e a preços regulares. É preciso não perder de vista o facto de que a ajuda alimentar é uma arma de dependência e de instabilidade para as estruturas de produção locais, se não se tiver cuidado. De facto, a obtenção de excedentes cerealíferos é inevitavelmente uma arma. Os alimentos são munições (Sachs et al., 1981). Só a produção local pode garantir plenamente a segurança alimentar.

Se é verdade que alguns dos legumes, frutas, arroz, peixe, carne, cogumelos e outros alimentos consumidos pelas famílias em Kinshasa vêm de fora da RD Congo, também é verdade que alguns são produzidos dentro do país e fora da cidade. Uma terceira parte é o produto da agricultura urbana na própria cidade. É toda esta produção que consolida a segurança alimentar das famílias urbanas.

Essa agricultura desempenha um papel importante no fornecimento de alimentos para a capital (Kinshasa). Como resultado, esses agricultores urbanos contribuem para a disponibilidade de alimentos, e ainda mais para a segurança alimentar das famílias da cidade. No sentido de que eles garantem que as famílias dos agricultores tenham acesso estável e permanente aos alimentos produzidos localmente.

De um modo geral, os factores mais conhecidos subjacentes à segurança alimentar são essencialmente :

1° o contexto político e socioeconómico ;

2° o grau de funcionalidade da economia ;

3° práticas de cuidados em instituições de saúde, e

4° saúde e higiene no lar.

02. Objectivos da investigação

O objetivo geral deste trabalho é responder à pergunta: "Como alimentar toda a gente em Kinshasa, e não como ensinar a todos a agricultura e a criação de gado? Este objetivo divide-se em dois objectivos específicos que são estudados:

- a contribuição da agricultura urbana para a segurança alimentar das famílias. Dado que a segurança alimentar está intimamente ligada à saúde da população, o trabalho analisará também o estado nutricional das crianças em idade pré-escolar para se ter uma ideia do mesmo; - as possibilidades de ecodesenvolvimento para melhorar esta agricultura para a boa saúde de todos.

03. Hipótese de trabalho

Em resposta aos problemas específicos de investigação que este texto já não aborda, o pressuposto fundamental é "tornar a alimentação acessível a toda a população desta capital". Esta afirmação será dissecada da seguinte forma:

- a falta de alimentos disponíveis nos agregados familiares está a contribuir para a deterioração da saúde da população;
- Alguns dos alimentos (legumes, cogumelos, fruta, sementes, peixe, carne) consumidos em Kinshasa são produzidos (ou colhidos) localmente;
- a maioria dos que praticam a agricultura urbana mostra muito pouco interesse em empreender uma ação concertada e sustentada entre si, apesar de se tratar muitas vezes de agregados familiares financeiramente desfavorecidos e mal controlados;
- Em geral, praticam as técnicas habituais, sem fazer qualquer esforço para as melhorar;
- A coordenação de todas as estruturas envolvidas na agricultura urbana seria um trunfo para a melhoria do desenvolvimento ecológico dessas actividades, que poderiam contribuir de forma duradoura para a segurança alimentar das famílias na cidade de Kinshasa;
- A expansão urbana de Kinshasa está a levar a um novo cenário para a agricultura, a fim de aumentar a segurança alimentar das famílias em Kinshasa - o caso de Limete (uma das 24 comunas de Kinshasa)

04. Enquadrar o estudo

A investigação tem as suas raízes na ecologia urbana e no ecodesenvolvimento. A Agricultura Urbana e as Etnociências são simplesmente ferramentas para apreciar esta interdependência ambiente-desenvolvimento para a inter-relação homem-habitat urbano num ecossistema urbano.

Foi assim que a investigação foi efectuada:
- o inquérito para identificar as oportunidades existentes para a agricultura urbana, os vários actores e parceiros, os objectivos estabelecidos, os constrangimentos encontrados e a produção recolhida, e para identificar as expectativas dos pais para a boa nutrição dos seus agregados familiares;
- Pesar e medir a altura das crianças de 1 a 5 anos e recolher estatísticas sobre as crianças nascidas com baixo peso para avaliar a saúde da população.

Este livro é mais sobre a tentativa de alimentar bem toda a gente do que sobre a tentativa de ensinar a população sobre agricultura ou criação de animais, como descrito nas linhas anteriores.

Esta é uma preocupação que só pode encontrar uma solução adequada hoje em dia se for unanimemente aceite que a interdependência entre o ambiente e o desenvolvimento leva ao reconhecimento da necessidade de associar estes dois domínios em todas as reflexões relativas à procura de soluções para os problemas das sociedades humanas (Matuka, 1999) e também que a ecologia e a economia estão de facto intimamente ligadas. Um desenvolvimento mal concebido pode degradar os recursos em que se baseia. Do mesmo modo, a degradação ambiental pode levar ao fracasso do desenvolvimento económico, independentemente do custo. Daí a necessidade do ecodesenvolvimento. Para ajudar a resolver os problemas de subnutrição em Kinshasa, o ecodesenvolvimento exige uma melhor gestão dos recursos do ambiente urbano em geral e de cada parcela de terreno em particular (Paulus et al., 1989). Esta visão do desenvolvimento apela à utilização de uma agricultura ecológica e económica (Mercier, 1980), que visa alimentar as pessoas utilizando os recursos ambientais, respeitando o equilíbrio dos ecossistemas. Esta perspetiva propõe a implementação de métodos alternativos que garantam a segurança alimentar das populações e reduzam a desnutrição endémica. É também um método de produção que tem em conta os conhecimentos tradicionais dos agricultores e integra os progressos científicos de todas as disciplinas. É um método que permite lutar contra a subnutrição infantil a nível comunitário

(Brown & Brown, 1977).

05. Interesse e escolha do tema

Para a Ciência, este trabalho reúne a Ecologia (sinecologia urbana), o Ecodesenvolvimento, a Segurança Alimentar e a Agricultura na procura de soluções para os problemas da crise das sociedades desequilibradas.

Na prática, descreve a situação de uma cidade já destruída pela reação da população (combatentes) à recusa de respeitar a Conferência Nacional Soberana e depois abalada pela guerra de libertação conduzida pela AFDL e outros (19961997). Esta destruição criou uma crise multifacetada, acentuada pela destruição das estradas que ligam o interior do país (centro de produção alimentar) à sua capital, Kinshasa (centro de consumo). As famílias, privadas de toda a disponibilidade e acessibilidade aos alimentos, estão empenhadas em explorar os espaços vazios dos lotes de habitação, jardins periféricos e outros locais para produzir, a baixo custo, géneros alimentícios de base para alimentar todos os seus membros. É esta reação dos habitantes da cidade numa situação de crise que é designada por agricultura urbana. É essa imagem de Kinshasa na década de 1990-2000 que este livro traça. Em seguida, ele olha para a década de 2025-2035, quando outros eventos semelhantes, como a explosão demográfica, a fragmentação dos lotes de habitação, a subdivisão de antigos locais de produção de hortas, e os conflitos entre tribos sobre a ocupação de terras nas áreas rurais da cidade, irão estimular uma nova busca de soluções para alimentar essa população sempre crescente em uma cidade que continuou a crescer a partir do solo ao longo das décadas.

Finalmente, concilia dados de mais de dois dëcenários, para uma literatura capaz de inspirar famílias, facilitadores e decisores a reacções mais humanistas num mundo cujo equilíbrio ambiental continua ameaçado.

06. Definição do tema

Este estudo limitar-se-á a analisar o nível de segurança alimentar (incluindo o estado nutricional) e o estado da agricultura urbana (manutenção dos locais de produção e produção) na comuna de Limete.

Os dados de base para este estudo foram recolhidos entre 1990 e 2000. Os inquéritos foram efectuados em 1995 e 1996. A observação dos resultados continuou até aos dias de hoje, tendo sido entretanto publicadas várias publicações.

REVISÃO DA LITERATURA E ABORDAGEM METODOLÓGICA

Esta parte trata: - da concetualização do estudo, - da descrição do ambiente de estudo e - da abordagem metodológica.

Capítulo 1: ORGANIZAÇÃO DO ESTUDO

Cinco conceitos básicos constituem os pilares deste estudo. São eles: a eeologia urbana, a abordagem sistémica, o ecodesenvolvimento, a agricultura urbana e a segurança alimentar. No entanto, como o último conceito esconde a ideia da situação alimentar de uma população, que pode ser determinada pelo nível do estado nutricional das crianças, é fácil descrever a noção de desnutrição proteico-calórica em crianças em idade pré-escolar.

1.1. Ecologia urbana

Esta subdisciplina da ecologia tem as suas origens nos jardins da Babilónia. A Escola de Chicago é reconhecida como a fundadora do primeiro movimento urbano. [eme]Com uma abordagem menos ligada à ecologia científica e mais próxima da sociologia no século XX ( ), esta escola reflectiu sobre a interdependência entre os habitantes das cidades e o seu ambiente.

Nos anos 1990-2000, com a sua noção de pegada ecológica, a escola descreveu a cidade como uma área mais ou menos natural. Mais tarde, a cidade passou a ser vista como fonte e sumidouro de fluxos e energias, com impactos diretos e indirectos complexos na biodiversidade, na biosfera e no clima, e com relações especiais entre os habitantes da cidade. A comunidade urbana é vista simultaneamente como um modelo espacial e um quadro moral.

A tendência desta sub-disciplina aparece nos trabalhos da Conferência do Rio de Janeiro (junho de 1992) com termos como cidade renovada sobre si mesma, de uma construção que procura pagar a sua dívida ecológica e reduzir a sua pegada ecológica.

A ecologia urbana é o estudo de todos os problemas ambientais no meio urbano e tem por objetivo integrar estas questões nas políticas locais, a fim de limitar o impacto ambiental e melhorar a qualidade de vida dos habitantes locais.

Em sentido estrito, a ecologia urbana é um domínio da ecologia que se centra no estudo da cidade enquanto ecossistema. Atualmente, por popularização e com o objetivo de sensibilizar para as questões ambientais, pode englobar a consideração de todas as questões ambientais relativas ao ambiente urbano e periurbano. O seu objetivo é articular estas questões integrando-as nas políticas locais para limitar ou reparar os impactos ambientais.

A ecologia urbana postula uma interdependência entre os habitantes das cidades e o seu ambiente urbano, que a noção de pegada ecológica alargará ao planeta nos anos 1990-2000.

O seu desafio é preservar um lugar para a biodiversidade na cidade. Isto significa lutar contra a fragmentação ecológica, mantendo ou restaurando a continuidade da biodiversidade nas cidades fragmentadas por estradas e/ou edifícios, por exemplo.

As cidades nem sempre são desertos biológicos desprovidos de interesse para a biodiversidade vegetal em particular. Vários locais sagrados e recantos de mais de uma cidade são verdadeiras relíquias da floresta pré-histórica (www.techno-Science.net).

Esta biodiversidade é muitas vezes тепасёе e até mesmo totalmente dětruite pelo desbarrancamento urbano provocado pela modernização e pela cultura de betonagem de tudo (Faburel, 2023).

É este último aspeto da ecologia urbana que interessa a este livro. É sabido que quando a quantidade de um recurso é limitada, surge a concorrência. Esta concorrência passa rapidamente de uma concorrência indireta a uma concorrência direta quando a quantidade é ainda mais reduzida.

1.2. Abordagem sistémica

Um sistema é um conjunto de elementos que interagem dinamicamente e que estão organizados para atingir um objetivo. As suas caraterísticas essenciais são :

1) causalidade (linear): é o determinismo. Tudo está predeterminado; cada facto tem uma causa; nas mesmas condições, as mesmas causas produzem os mesmos efeitos;

2) interação (entre os elementos de um sistema): inclui o feedback ou a retroação que modifica o comportamento ou o material dos componentes do sistema. É a este nível que temos o laço retro-positivo (quando tem um efeito amplificador sobre todos os movimentos) ou o laço retro-negativo (quando tem um efeito regulador sobre a manutenção desses movimentos);

3) totalidade: um sistema é um todo ;

4) organização: é o conceito central de um sistema, o arranjo entre elementos ou indivíduos com o objetivo de produzir uma nova unidade;

5) complexidade: a complexidade do número de elementos e a complexidade das relações que ligam esses elementos (De Rosnav, Sd citado por Makumbelo et al., 2023).

A abordagem sistémica (ou holística, sintética) consiste em considerar um sistema complexo em termos das suas caraterísticas emergentes ligadas à sua totalidade, propriedades que não podem ser reduzidas à soma das suas partes. É a ciência que descreve e explica a diversidade das formas vivas. É também uma abordagem que coloca a tónica nas ligações e interações entre as partes (Lacoste e Salanon, 1999; Schwarz, 1997 citado por Gobat et al., 2003; Giordan e Saltet, 2011 citado por Makumbelo et al., 2023).

A abordagem sistémica baseia-se no seu próprio ciclo: modelo, cenário e ação

A eficácia da abordagem sistémica reside no facto de poder considerar duas, três ou quatro variáveis de cada vez ao estudar os efeitos das interações do sistema, em vez de apenas uma, por vezes, que a abordagem analítica considera para apreender a natureza das interações (De Rosnav, Sd).

A agricultura urbana é um caso do sistema de produção agrícola, - para o qual a agricultura urbana só pode ser dominada se os métodos da abordagem analítica forem complementados pelos da abordagem sintética. A abordagem sintética permite evidenciar os aspectos estruturais e funcionais deste tipo de agricultura, definir os seus limites, identificar todos os subsistemas e interações existentes, analisar os inputs e outputs e as diferentes relações, antes de propor um modelo e estabelecer a sua simulação no terreno.

1.3. Ecodesenvolvimento

O conceito Ecodëveloppement composë d'Eco ^conomie, ëcologie) et dëveloppement só pode ser entendido se for placë no seu contexto histórico.

O conceito de ambiente surgiu na década de 1970. Relativamente ao conceito de desenvolvimento, a década de 1961-1970 foi marcada pelo lançamento do primeiro período de desenvolvimento, na sequência da Conferência do Cairo. Esta década foi marcada pela assistência ocidental aos países pobres. No final da segunda década 19711980, a assistência foi substituída por uma abordagem mais mercantilista. Nesta década, o Ocidente exportou o seu modelo de crescimento industrial para os países em desenvolvimento. No final da década de 1970, assistiu-se a um período de reflexão sobre a involução das ideias no domínio do ambiente - na sequência da Conferência de Estocolmo (Conferência das Nações Unidas sobre o Ambiente, 1972; www.uni.org) - e do desenvolvimento. As novas ideias avançadas tanto pela UNESCO como pelo Banco Mundial deram origem a novos conceitos: desenvolvimento integrado, ecodesenvolvimento, desenvolvimento sustentável, desenvolvimento humano e desenvolvimento ecologicamente viável.

O ëcodëveloppement implica que as populações concenrees se organizem e se s^duzam para melhor apreenderem as possibilidades espëcíficas do seu ecossistema e para as desenvolverem com a ajuda das técnicas apropriadas spëcialmente conguesas para este fim adaptado ou, nalguns casos, deliberadamente imitadas. Confiar nas próprias forças (autossuficiência) não significa isolar-se numa autarquia mais ou menos impossível, mas antes decidir-se por um caminho autónomo onde se deve fazer investigação original e onde convém pedir emprestado ao exterior quando é necessário renovar com a tradição e quando, pelo contrário, é necessário romper. Esta visão do desenvolvimento favorece os estilos de desenvolvimento ecológicos. As caraterísticas mais marcantes do ëcodëveloppement podem ser resumidas em vários pontos, incluindo os que interessam a este trabalho:

1. Em cada ë^дю! a tónica é colocada no desenvolvimento dos seus recursos específicos para satisfazer as necessidades alimentares básicas da população. Estas necessidades ëo definidas de forma realista e autónoma, de modo a evitar os efeitos de demonstração nocivos do estilo de consumo dos países ricos.

2. Uma vez que o homem é o nosso recurso mais precioso, 1 ëcodëdevelopment deve sobretudo contribuir para a sua realização: emprego, segurança, qualidade das relações humanas, respeito pela diversidade^ dos outros ou, se preferirmos, o estabelecimento de um ësistema social considerado satisfatório.

3. A identificação, o desenvolvimento e a gestão dos recursos naturais são efectuados numa perspetiva de solidariedade diacrónica com as gerações futuras.

4. O impacto negativo da atividade humana no ambiente é reduzido através da utilização de processos e formas de organização da produção que permitam tirar partido de todos os recursos disponíveis e utilizar os resíduos para fins produtivos.

5. O ëcodëveloppement implica um estilo tecnológico particular. As ecotécnicas existem e podem ser implementadas para a produção alimentar, entre outras, através de novas formas imaginativas de industrialização de recursos renováveis. O desenvolvimento de ecotécnicas está destinado a ocupar um lugar muito importante nas estratégias de desenvolvimento, pela boa razão de que a capitalização de vários objectivos - económicos, sociais, ecológicos - pode ser feita adequadamente a este nível.... . Mas seria errado equiparar simplesmente o desenvolvimento a um estilo tecnológico. Ele implica também métodos de organização social e um novo sistema de educação.

6. O quadro institucional do ecodesenvolvimento não pode ser definido de uma vez por todas sem ter em conta a especificidade de cada caso, de acordo com três princípios básicos: - administração horizontal, participação efectiva das populações interessadas na aplicação de estratégias de ecodesenvolvimento para a definição e harmonização das necessidades concretas, identificação do potencial produtivo e organização do efeito coletivo para o seu desenvolvimento (Touraille, 1977). De notar também que não pode haver ecodesenvolvimento sem educação ambiental (Sachs et al., 1981).

Atualmente, estamos mais inclinados a falar de desenvolvimento sustentável. Mas o futuro terá claramente de se centrar nos seguintes aspectos:

1. a aplicação prática, em prol do desenvolvimento, da panóplia de recursos teóricos desenvolvidos nas últimas três décadas, nomeadamente a Agenda 21. Por outras palavras, é preciso agir, mas agir com ponderação.

2. 1. a adoção e aplicação de um código moral de ação (uma espécie de revolução ética) para proteger o ambiente global contra danos irreversíveis e para introduzir uma maior equidade no desenvolvimento.

1.4. Segurança alimentar

1.4.1. Desnutrição proteico-calórica

A subnutrição proteico-calórica é um dos problemas nutricionais que afectam indivíduos ou grupos de indivíduos (ou comunidades). Os indicadores altura para a idade, peso para a altura, peso para a idade, perímetro branquial, peso à nascença e dobras cutâneas são utilizados para determinar a incidência da subnutrição proteico-calórica nas crianças em idade pré-escolar.

Cada um destes indicadores determina um tipo de malnutrição. Por exemplo, o rácio altura/idade (HFA) das crianças dos 0 aos 5 anos indica uma desnutrição crónica e determina a história nutricional da criança. É, de facto, o resultado da adaptação do indivíduo a condições sociais, sanitárias e nutricionais precárias e duradouras.

Trata-se de um indicador válido do consumo alimentar e do estado de saúde da população a médio prazo.

A desnutrição "   ;iiguc" " reflecte o desajustamento a curto prazo do indivíduo à condições nutricionais deficientes. É medido pelo rácio peso/altura (P/A) da criança.

A subnutrição global ou "peso a menos" é o resultado combinado dos efeitos da subnutrição crónica e da subnutrição "iiguc". É medida pelo rácio peso/idade (P/I) (CEPLANUT / FAO, 1994).

A malnutrição pode assumir a forma de perda de peso ou de redução do perímetro braquial. Por esta razão, a medição do perímetro braquial é um outro instrumento de rastreio da desnutrição nas crianças dos 0 aos 5 anos (CEPLANUT, 1996). Verificou-se que, durante o primeiro ano de vida, o perímetro do braço de uma criança saudável aumenta rapidamente. Depois, entre os 1 e os 5 anos de idade, mantém mais ou menos o mesmo diâmetro. Mas o braço da criança malnutrida permanece sempre fino. Assim, entre 1 e 5 anos de idade, se a circunferência do braço atingir 13 cm, a criança está bem nutrida. Caso contrário, a criança está subnutrida (CEPLANUT, 1996). O perímetro braquial também determina a desnutrição aguda. Para a OMS, o baixo peso ao nascer é um importante indicador da saúde da mãe. Reflecte a expressão do peso, o estado de saúde (doença gënito-urinária, malária), a dieta e as deficiências nutricionais (anemia nutricional, avitaminose A, deficiência de iodo materno) (Toko et al., 1980 citado por CEPLANUT, 1994). Na República Democrática do Congo, não existem praticamente publicações mais antigas sobre nascimentos a termo de crianças com peso inferior ao normal (CEPLANUT / FAO, 1994). Além disso, os Índices de Massa Corporal (IMC) podem ser utilizados para determinar o estado nutricional dos adultos. É o caso do Índice de Massa Corporal (IMC) ou indicador de Quetel.

1.4.2. Segurança alimentar adequada

Segurança alimentar significa ser capaz de produzir e dar a todos acesso a alimentos suficientes, saudáveis e equilibrados numa base permanente, ou ter o dinheiro para aceder facilmente a esses alimentos através do mercado. Não é o facto de ter dinheiro que é importante, mas é sobretudo o facto de ter um abastecimento estável de alimentos e um acesso fácil a alimentos suficientes, saudáveis e equilibrados que é importante. Isto implica que o acesso a alimentos suficientes e de boa qualidade deve estar disponível para toda a população, sem exceção. Isto leva-nos a pensar que só podemos falar de segurança alimentar se todos, incluindo os mais desfavorecidos, tiverem acesso a esses alimentos. Isto porque o seu objetivo final é garantir que todos os seres humanos tenham acesso material e económico, em qualquer momento, aos alimentos básicos de que necessitam (Azoulay, 1998).

Os factores mais importantes para determinar a segurança alimentar de um agregado familiar são a disponibilidade de uma quantidade suficiente de alimentos de qualidade, a sua estabilidade e a sua acessibilidade a todos os membros do agregado familiar.

A disponibilidade é constituída pela proteção interna, pelas importações, pelas exportações excessivas e pelas ajudas.

Em mais do que uma ocasião, como no seu Plan Directeur du Dëveloppement Agricole et Rural (Plano Diretor do Desenvolvimento Agrícola e Rural), o governo congolês decidiu assegurar o acesso a uma alimentação suficiente, equilibrada e regular a todas as camadas da população, com especial ênfase nos grupos mais vulneráveis (Ministere de l'Agriculture, Animation rurale et Developpement communautaire, 1991).

A disponibilidade e acessibilidade de bons alimentos para as pessoas mais pobres numa base permanente, num sistema normal de produção e distribuição de alimentos, garante-nos que toda a população se pode alimentar bem e pode assegurar um certo grau de segurança alimentar. Por outras palavras, a segurança alimentar de um agregado familiar não significa apenas a acessibilidade dos alimentos, mas também que os alimentos disponíveis são qualitativamente bons e quantitativamente suficientes e acessíveis numa base estável e sustentável a todos os membros do agregado familiar.

A segurança alimentar difere da autossuficiência alimentar na medida em que, para esta última, é a disponibilidade de uma quantidade suficiente de alimentos que tem precedência sobre a acessibilidade e a estabilidade. Isto explica porque é que, em mais do que um caso, alguns membros da comunidade, especialmente os mais pobres, sofrem de subnutrição e morrem de fome ao lado de grandes reservas de alimentos no local. Na mesa redonda realizada em Kinshasa de 4 a 8 de março de 1991, foi recomendado que o objetivo já não deveria ser o de alcançar a autossuficiência alimentar a qualquer custo, mas sim o de criar condições que garantissem o acesso a uma alimentação suficiente, equilibrada e regular para todas as camadas da população (Goossens et al., 1994). Quando a segurança alimentar é avaliada utilizando o método do balanço alimentar, refere-se à oferta e à procura de alimentos pela população.

1.5. Agricultura urbana

1.5.1. Agricultura

O conceito de agricultura deriva das palavras "ager" (campo, terra, solo) e "colere" (cultivar, arar). A agricultura é, portanto, a ação de cultivar e lavrar um campo. Assim, quando falamos de agricultura, para os não iniciados, significa simplesmente cultivar uma planta ou criar um animal. Na realidade, porém, é a arte de obter do solo, mantendo a sua fertilidade, a quantidade máxima de produtos úteis, quer do reino vegetal quer do reino animal. O termo agricultura refere-se sobretudo às técnicas de produção vegetal ou animal.

Para os cientistas, este termo remete para o conceito de agronomia, que é o estudo das leis que regem a agricultura e que constitui um grupo de ciências denominado Ciências Agronómicas. Estas ciências são essencialmente compostas pela ciência vegetal e pela ciência animal.

O trabalho do agricultor envolve plantas, campos, árvores, animais, venenos e abelhas. O seu objetivo é permitir a reprodução das espécies vivas para assegurar a sobrevivência dos seres humanos. Assim, esta atividade criativa do homem na natureza designa-se por agricultura, micocultura, arboricultura, silvicultura, piscicultura e apicultura quando se aplica, respetivamente, ao solo e à planta, aos cogumelos, às árvores, à floresta, aos peixes e às abelhas. A micicultura ou cultura de cogumelos não deve ser confundida com a micocultura, que é uma técnica de cultura laboratorial utilizada em biologia (micologia médica) para micetas de interesse médico ou veterinário.

Neste livro, como se trata apenas da sua prática e não da sua teoria, a agricultura não é outra coisa senão a atividade criadora do homem na natureza, aplicada ao solo e às plantas (arroz e legumes diversos), aos cogumelos, às árvores (aquelas cujos frutos são consumidos pelo homem), aos venenos e aos animais domésticos. Por outras palavras, esta obra incide sobre a fruticultura, a pecuária, a horticultura, a micocultura e a oricicultura.

O termo "horticultura comercial" inclui tanto as culturas de hortas comerciais cultivadas em grandes áreas de produção como as culturas de hortas familiares cultivadas em parcelas, desde que parte da produção de ambas seja sempre vendida.

Em botânica, o termo "tegume" refere-se ao fruto de plantas teguminosas (vagens ou frutos secos que se abrem quando maduros com duas fendas longitudinais): *Fabaceae* (*Faboideae*, *Mimosiodeae* e *Celsalpiniodeae*) cujos nodositos bacterianos são colocadosëes tangencialmente nas raízes), neste trabalho, designa qualquer planta herbácea, mensal ou anual ou mesmo perene, da qual uma das partes (caule, folha, vagem, flor) é consumida sem transformação industrial indispensável.

1.5.2. Agricultura urbana

1.5.2.1.   Evolução histórica

eme No início do século XIX, os navios que escalavam as costas africanas começaram a criar um mercado à volta dos portos. Mais tarde, os missionários plantaram hortas para seu próprio consumo. Antes da independência, surgiram centros de horticultura comercial perto dos campos militares. A partir do final dos anos 60, as cidades africanas ganharam importância, uma vez que o êxodo rural e a pressão demográfica favoreceram o desenvolvimento dos centros urbanos. À volta das capitais, as hortas comerciais espalham-se. É cultivada uma mistura de produtos hortícolas locais e exóticos. O crescimento das cidades e a forte procura de produtos hortícolas que lhe está associada são a força motriz do desenvolvimento da horticultura de mercado. A seca de 1973 na África Ocidental provocou um grande boom na horticultura comercial. Esta pareceu ser uma alternativa interessante e remuneradora, numa altura em que os sistemas de produção estavam muito desorganizados. Esta situação reduziu também o número de organizações não governamentais (ONG), que se propuseram todas apoiar projectos de horticultura comercial. Assim, são criadas muitas ONG, por vezes de forma um pouco artificial e sobretudo sem grande coordenação (Autissier, 1994). Kinshasa não é imune a este movimento. Embora já não disponha de cinturas de hortas bem desenvolvidas, os agricultores urbanos produzem alimentos onde quer que possam.

Desde os anos 90, a agricultura urbana tem sido uma questão-chave no desenvolvimento sustentável, no planeamento urbano e na luta contra a insegurança alimentar, não só nos países do "Sul", mas também no resto do mundo.

De acordo com Boulianne (2016), a sua importância no abastecimento das populações que vivem nas cidades é hoje incontornável em muitos casos. Esta importância é justificada, segundo a FAO (2014), pelo facto de 1 a agricultura urbana ser, ëeconomicamente, uma fonte de alimentos e de emprego. Para além disso, ëecologicamente, torna as cidades mais "viáveis" porque são mais resilientes face às alterações climáticas. Mas também socialmente, oferece oportunidades para a edificação das relações humanas através dos seus inputs e outputs.

1.5.2.2.   O âmbito da agricultura urbana

A agricultura urbana e, por extensão, a agricultura urbana e рёнш^^ é uma forma de agricultura que ë emerge de práticas agrícolas rëalisëes nas cidades. Atualmente, à escala planetária, assiste-se a um interesse crescente dos vários atores da sociëtë por projetos de agricultura urbana como vetor de transição ecológica (alimentação sustentável, ligação social e bem-estar das populações, ë educação ambiental, ecossistemas, paisagens), comunitária (projetos participativos), etc.

Objeto de vários estudos, a agricultura urbana é a agricultura praticada em meio urbano. Este tipo de agricultura permite que os habitantes das cidades comam vegetais, carne e amido produzidos pelos seus próprios esforços (Paulus et al., 1989).

Ao produzirem os seus próprios alimentos, os habitantes das cidades poderão melhorar a sua nutrição e, por sua vez, garantir a sua boa saúde. Poderão aliviar os seus orçamentos familiares, uma grande parte dos quais é normalmente gasta na alimentação doméstica.

A venda dos excedentes de produção pode aumentar o rendimento das famílias. A produção de alimentos pelos habitantes da cidade também ajuda a criar empregos na cidade (produtor-vendedor, comprador-vendedor, transformadores, transportadores). Este papel já foi mencionado nas linhas anteriores, onde são citados os escritos de Boulianne (2016) e da FAO (2014). É isto que torna difícil encontrar terrenos abertos nas zonas urbanas do noroeste dos Camarões. Estes terrenos incultos foram lavrados; os parques infantis e as praças foram cultivados (Ashah, 1997).

A agricultura urbana que é protegida, estimulada e supervisionada pelas autoridades públicas e outros pode tornar-se um verdadeiro elo na cadeia de desenvolvimento. As organizações de desenvolvimento reconhecem que a horticultura comercial é altamente rentável por unidade de área, tem um elevado valor nutricional e é fácil de integrar nos sistemas de produção tradicionais.

Para responder à pergunta "Qual é a vantagem de diversificar a horticultura de mercado nos países tropicais? Messiaen salienta que a horticultura comercial permite reduzir as importações de produtos hortícolas frescos e conservados provenientes de países temperados, bem como diversificar as exportações (Messiaen, 1974). As organizações de desenvolvimento utilizam quase sempre estes argumentos para justificar as suas intervenções (Autissier, 1994).

Capítulo III. AMBIENTE DE ESTUDO E SITUAÇÃO DA SEGURANÇA ALIMENTAR E DA AGRICULTURA URBANA

2.1. Ambiente de estudo : Comuna de Limete / Kinshasa

2.1.1. Situação geográfica, geográfica, climática e hidrográfica

[2]Uma das 24 comunas da capital de Kinshasa, a comuna de Limete cobre uma superfície de 27,1 km (INS, 1984). [2]Segundo a en.m.wikipedia.org, a superfície do município de Limete em 2023 está estimada em 67,60 km .

Os limites do município e dos seus vários distritos são apresentados na Figura 1.

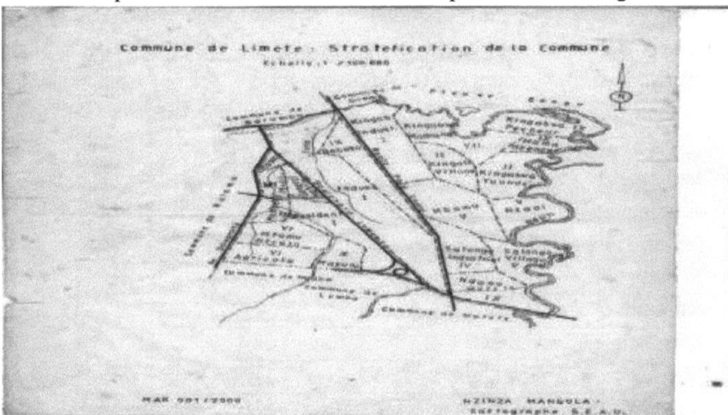

Figura 1: Mapa da comuna de Limete.

Esta figura mostra que três estradas principais atravessam a comuna. São elas a Boulevard Lumumba, a Avenue Universite e a Route Poids Lourd. No Boulevard Lumumba, não muito longe das instalações da Foire de Kinshasa, encontra-se um cambiador. O mapa mostra os diferentes bairros desta comuna.

Tal como a cidade de Kinshasa no seu conjunto, a comuna de Limete situa-se nas latitudes 4°18° e 4°25° Sul e nas longitudes 15°15° e 15°22° Este.

O seu solo pertence ao grupo dos solos tropicais arenosos ricos em ferro e alumina, sujeitos à ação de um clima quente e húmido. De acordo com o sistema proposto em 1979, o clima da cidade de Kinshasa pertence ao tipo AW4, ou seja, um clima húmido com um período seco de 4 meses de maio a agosto ou junho a setembro e um período chuvoso de 8 meses, de outubro a abril ou maio, dependendo do ano. A temperatura média ronda os 29°C, sendo março e abril os meses mais quentes e julho os mais frios. Tem um clima tropical quente e húmido com um padrão de precipitação regular com uma média de cerca de 1.500 mm (Agence Nationale de Meteorologie et Teledetection par Satellite-Station de Binza, 2015).

O rio N'djili separa a comuna de Limete da de Masina e desagua no rio Congo. Ao atravessá-lo, cria um vale que cobre mais de 500 hectares no seu curso inferior.

2.1.2. História da Comuna

A história de Limete está ligada à da cidade de Kinshasa, na medida em que, em 1955, como todas as grandes aglomerações urbanas africanas da época, Kinshasa estava dividida em apenas dois bairros: o dos brancos e o dos indígenas (Houyoux, 1973). A comuna de Limete, tal como a de Gombe, era uma das comunas residenciais habitadas apenas por brancos.

Desde então, muitas coisas mudaram. Três períodos importantes marcam a divisão da

Comuna. Trata-se do período que precede as divisões de 1974, 1975 e 1976.

A última divisão foi a que criou o distrito de N'danu, dividindo as entidades de Salongo e Maman Nzenze. Fontes anónimas escrevem que esta divisão foi influenciada principalmente por questões políticas e fundiárias.

A comuna tem 14 bairros, de acordo com as últimas decupagens (Mfumu mvula, Kingabwa, Mombele, Mososo, Quartier industriel, Salongo, Quartier résidentiel, Masiala, Mateba, Mayulu, Agricole, Ndanu, Mbamu, Nzadi, Russell Matou).

2.1.3. Situação demográfica

A Comuna é habitada por 128 197 pessoas, das quais 65 768 homens e 62 429 mulheres, distribuídos por 20 832 agregados familiares e 34 agregados colectivos. [2]A densidade populacional é de 4.731 habitantes por quilómetro (INS, 1992). A sua distribuição é a indicada no quadro 1. Gutu kia Zimi (2021) refere que a população da Comuna de Limete era de 502 459 habitantes em 2020, com uma densidade de 4 370 habitantes por km.[2]

Tabela 1. Rëpartição da população residente na Comuna de Limete.

Entidades administrativas por distrito	População residencial	Número de parcelas por bairro	Famílias comuns	Agregados familiares
Mayulu	13.729	1.123	2.251	-
Agricultura	3.992	216	693	-
Mombele	4.367	883	1.425	-
Mateba	2.092	337	327	-
Musoso	5.081	3124.	710	-
Kingabwa	15.941	2.210	2.689	-
N'danu	15.017	1.500	2.530	2
Nzadi	12.436	550	2.422	1
Salongo	8.622	1.094	1.179	2
Mfumu-Nvula	20.083	1.299	3.356	1
Industrial	4.700	1.358	748	13
Masiala	6.209	360	858	1
Residencial	3.695	950	443	2
Bobozo	487	-	70	-
Bukaketês	393	-	68	-
Campde Registo militar.	236	-	23	8
Funa	2.643	-	359	2
Kwela	343	-	73	-
Vitória	697	-	106	-
Yaoundé	2.240	-	377	-
Yassa	384	-	77	-
LIMETE	128.197	18.480	20.832	34

Fonte: INS, 1972.

Esta população deve certamente ter mudado, razão pela qual este trabalho prefere começar a recalculá-la para obter estimativas actualizadas.

Embora o número médio de pessoas por agregado familiar na Comuna ainda não seja conhecido, o número médio de pessoas por agregado familiar na cidade como um todo é apresentado no quadro 2.

Tabela 2. Evolução do número médio de pessoas por тёпаде em Kinshasa de 1956 a 1995.

AniK'e	Pessoas responsáveis pelo estudo e tipos de agregado familiar	Número médio de pessoas por habitantes	Fontes
1956	L. Baeck (de 46 ëvoluës congoleses).	4,6	Houyoux, 1973
1962	Diretion de la Statistique et des Etudes ëconomiques (de entre 52 funcionários do Estado que ganham entre 4.000 e 12.000 francos/mês)		Houyoux, 1973
1963	P. Caprasse e G. Bernrd (de 61 monitores)	4,5	Houyoux, 1973
1973	Houyoux (Orçamentos Gestores: nutrição e modo de vida dos 1.471 agregados familiares africanos que viver em Kinshasa	5,9	Houyoux, 1973
1989	Direção desenquetes ëconomic (INS- DëpartementduPlan) (Inquérito orçamental gestoresVillede Kinshasa, 1985)	7, 0	INS, 1989
1995	ISAZ (RelatórioSantë público urbano, Cidade de Kinshasa, 1995)	7,0	ISAZ, 1997
2005	Contribuição das árvores de fruto para a segurança alimentar num ambiente urbano tropical (com base numa amostra de 231 agregados familiares inquiridos)	7,5	Makumbelo et al., 2005

A análise deste quadro mostra que o número médio de pessoas por agregado familiar aumentou de 4,6 para 7,5 em 1956 e 2005, respetivamente.

Este número médio de pessoas por mënage será certamente ainda mais ëkyë tendo em conta os novos desenvolvimentos nesta cidade.

2.1.4. Situação socioeconómica

A população da comuna de Limete dedica-se à agricultura urbana, ao comércio de pequena escala, ao artesanato e a diversos serviços. Em Kinshasa, os produtos locais e importados estão disponíveis, mas a preços incomportáveis (2 a 3 vezes o preço belga). É nos mercados que a maior parte da população compra os seus alimentos (ISAZ, 1997). São normalmente abastecidos durante todo o ano. No entanto, os preços de produtos como a mandioca, o milho, a banana, o arroz e outros aumentam de outubro a abril devido à deterioração das estradas causada pela água da chuva, que dificulta o transporte de produtos alimentares das províncias de Bandundu e do Baixo Congo para Kinshasa. No entanto, já em 1986, verificou-se que os níveis salariais permaneciam muito baixos, sobretudo na administração pública, que desempenhava um papel de orientação para o sector privado nesta área (Houyoux, 1973).

Um relatório recente indica que o salário de um funcionário público varia entre 0,5 e 3 dólares americanos por mês. Na altura, o salário médio no sector privado raramente ultrapassava os 100 dólares por mês (Goossens, 1994).

A variação percentual das despesas das famílias com a alimentação em Kinshasa mostra uma certa tendência ascendente, como se pode ver no Quadro 3.

Quadro 3. Tendências na estrutura das despesas alimentares por agregado familiar em Kinshasa.

Anos	% do orçamento gasto em géneros alimentícios	Estudos efectuados por
1956	53,0	de 96 congoleses evoluídos (Houyoux, 1973)
1962	36,0	dos 52 funcionários públicos que ganham entre 4.000 e 12.000 francos/mês (Houyoux, 1973)
1963	67,4	em 61 monitores (Houyoux, 1973)
1986	62,0	Goossens (1994)
1993	91,0	CEPLANUT (1996)

Este quadro mostra que a proporção do orçamento dedicado à alimentação por agregado familiar aumentou de 53,0% para 91,0% entre 1956 e 1993. 62,0% representa quase 2/3 do dinheiro gasto (BEAU, 1986).

Quanto às despesas mensais em 1967, a despesa média para um agregado familiar de 5,9 pessoas era de 32,83 Zaire (Z) / mês (1 Z = 2 dólares americanos), ou seja, 1,41 Z de despesas de transferência e 31,42 Z de despesas de consumo ... As despesas de consumo ascendem a 21,19 Z / mês e representam 67,4% das despesas de consumo.

A carne e o peixe representam 40% das despesas alimentares, o amido e os cereais um quarto, os legumes e as leguminosas 13,4%... Apenas as famílias com um rendimento superior a Z60 têm uma alimentação satisfatória. Mas mesmo a este nível, as necessidades calóricas não são totalmente cobertas (19,2%).

A maioria das unidades de consumo (71,1%), que vivem em agregados familiares onde a despesa mensal se situa entre Z15 e Z60, pode ser classificada como subnutrida (Houyoux, 1973).

Um inquérito realizado em Bumbu e Kingasani em 1996 mostrou que uma família média gastaria o equivalente a 3 dólares americanos por dia, ou 90 dólares por mês, em alimentação (CEPLANUT, 1996). Nem toda a gente pode pagar isto.

Uma comparação das quantidades consumidas por produto em 1969, 1973 e 1986, por mês e por pessoa, mostra que o peso das quantidades consumidas por produto está a diminuir gradualmente para os alimentos ricos em proteínas. Este facto já suscita receios de subnutrição num futuro próximo.

O quadro 4 mostra as quantidades consumidas por produto de 1959 a 1986. Por razões de espaço, esta tabela será ^^ë ano a e b.

O quadro 4a apresenta as quantidades consumidas por produto de 1959 a 1986.

Quadro 4a. Quantidades consumidas por produto em 1959, 1975 e 1986 (por mês e por pessoa em Kg).

Produtos	1969	1975	1976
Mandioca	6,120	5,379	5,599
Pão	1,770	1,172	1,575
Folhas mandioca	1,590	1,333	1,296
Banana	0,923	0,423	0,573
Arroz	0,607	0,738	1,067
Peixe fresco do mar	0,516	0,533	0,630
Peixe sujo	0,433	0,238	0,086
Feijões	0,389	0,369	0,331
Carne de vaca desossada	0,361	0,204	0,284
Tomates	0,359	0,215	0,189
Açúcar	0,350	0,467	0,426
Total	13,418	11,071	11,256

Fonte: BEAU, 1986.

Estes 11 produtos constituíam o cabaz alimentar de Kinshasa em 1969. A situação em 1986 era bastante semelhante à de 1976. Houve uma tendência para consumir mais mandioca, incluindo as folhas de mandioca, e menos peixe-sate, feijão, arroz e peixe fresco. O consumo de pão foi menor em 1975. Em 1976, o consumo não atingiu o nível de 1969 (BEAU, 1986).

Os ëtements reunidos neste ponto explicitam a necessidade de incentivar cada тёпаде a organizar pelo menos uma atividade agrícola e aqueles que têm 1 agricultura a seu cargo a lutar pela melhoria das condições de produção de alimentos por mënages a contar a gama de alimentos obtidos pelo mercado, de forma a garantir a segurança alimentar de todos.

2.1.5. Agricultura urbana

Em Kinshasa, este tipo de agricultura é praticado em parcelas residenciais (lotes de habitação) e no exterior dessas parcelas.

Existem muito poucos dados disponíveis sobre a agricultura praticada em parcelas residenciais. Uma equipa do Projeto Jardins e Elevações de Parcelas (JEEP), sob a direção do Professor Jacques Paulus, publicou artigos que resumem os dados sobre este tipo de agricultura em Kinshasa. É o caso do artigo de J. Paulus et al (1989), que resume o papel das hortas e da criação de animais no abastecimento alimentar urbano em Kinshasa. Kabeya et al.

(1992) apresentaram dados do relatório anual de 1992 da ONG Jardins et Elevages de Parcelle. Kabeya et al (1994) apresentaram dados do relatório anual de 1994 do mesmo projeto. Mutuba et al, (1994) reproduzem os dados do relatório anual de 1994 e a publicação de Kabeya et al, (1994) apresenta os resultados de um inventário da flora dos lotes de habitação. Monama et al (1985) publicaram um artigo sobre a cadeia trófica do chumbo, tendo em conta o local de produção da mina de Matete. Makumbelo (1999) e Makumbelo et al. (2002, 2004) debruçaram-se apenas sobre a situação na comuna de Limete. A leitura dessas e de outras publicações pode esclarecer e fornecer informações detalhadas sobre a agricultura urbana em Kinshasa.

O Serviço Nacional de Extensão do Ministério da Agricultura e do Desenvolvimento Comunitário, apoiado pela FAO, dispõe de várias brochuras de incentivo a este tipo de agricultura. Trata-se, nomeadamente, do Guide de vulgarisation n°1-Culture vivrieres, n° 3 - Culture maraichere, n° 5- Petits elevages (Ministério da Agricultura e do Desenvolvimento Comunitário, SNV, 1992, 1993, 1994).

Os dados sobre as actividades agrícolas realizadas fora das parcelas residenciais são apresentados no quadro 4b.

Quadro 4b. Dados sobre as actividades agrícolas realizadas fora do lote da habitação.

Local de produção (Sourced ") informação)	Data criação ou arranque	Datas e/ou acontecimentos importantes (texto de autorização)	Número de agricultores actuais	Tipos de agricultura praticados	Tipos de actividades organizadas
Arroz Kingabwa (agricultura) (1,2, 3)	1975- Missão Agrícola Chinesa (MAC)	1982 por O PNR é responsável pela produção de sementes. 1994 O PNR envolve cooperação internacional (Nenhum)	Cerca de 5.000 agricultores	- cultura do arroz agricultor - produção de sementes	Arroz-marítimo (na época) seco)
Exploração agrícola de Limete (1,6)	1975 por 58 produtores de arroz piscicultores	1994la a exploração e perde cerca de 4 ha para construção s anarchiques (Nenhum)	8 piscicultors produtores de arroz - piscicultores - criadores de gado	Arroz - horticultura - criação de gado	Arroz - horticultura - criação de gado
Centro de jardinagem do mercado Troca-troca Limete (1,3)	1985-1986 visita esdela funcional Divisão urbana da	(Nenhum)	50 horticultores	- horticultura de mercado local	horticultura de mercado

	agricultura				
Instituto Técnico Agricultura Mombele (ITAM) (4)	1983 por Assistência técnica belga e Pessoal ITAM	1997un grupo de horticultores ocupa parte do terra	30 horticultores	Jardinagem de mercado	horticultura de mercado
		(Nenhum)			
Centro de Acolhimento e de Passagem de Limete (CAP) Assuntos sociais (1)		Ocupação por pessoas com deficiência que cultivam produtos hortícolas (Nenhum)	7 horticultores	Jardinagem de mercado	horticultura de mercado
Lelongdu Boulevard Lumumba, Avenue Universiteet Estrada de veículos pesados		(Nenhum)	35 horticultores	Jardinagem de mercado	horticultura de mercado

Lëgende : Fontes de informação (1) = Lokufa Batezwaka, Inspection du DR- Commune de Limete ; (2) = Tumba Langhe, produtor de arroz e Presidente da Cooperativa agro-pastoril de Limete ; (3) = Kinika Nkuna, horticultor do Centre maraicher de l'Echangeur de Limete ; (4) = Biese, Presidente do Comite et Intendant a l'ITA Mombele ; (5) = Masamba Ndombasi, Vice-Presidente da CRK (Cooperative des Riziculteurs de Kingabwa); (6) = Lufila, Presidente do Comité da Fazenda de Limete; (7) = Theophile Lunhande, Secretário-Geral do IDECOMI; (8) = Mukasie Luwezo Samuel, Diretor da Soyapro ONG; (8) = Kanguele Mpili, Chefe do Centro de Incubação e Pré-reprodução do CDI-Bwamanda; (10) = Dr. Vangu, Chefe de Serviço do CDI-Bwamanda. Vangu, Chefe de Serviço no CDI Bwamanda; (11) = Madame LECOUTURIER, Gerente da Soyapro; (12) = Marie Jose Mukeni, Soyapro ONG; (13) = Dr. J.Paul Pierre, Administrador Geral.

2.2. O estado da segurança alimentar e da agricultura urbana

2.2.1. Desnutrição proteico-calórica

2.2.1.1.   Inquéritos anteriores

Os inquéritos sectoriais foram orientados mais para a periferia da cidade. Além disso, desde a pilhagem de setembro de 1991, a ONG Médicos Sem Fronteiras (MSF) / Bélgica e o Centro Nacional de Planificação da Nutrição Humana (CEPLANUT) têm vindo a recolher regularmente dados sobre o estado nutricional das crianças em idade pré-escolar na cidade.

Em colaboração com a FAO e a UNICEF, o CEPLANUT está a realizar inquéritos nutricionais em muitos locais da capital para determinar a prevalência da malnutrição.

As maternidades da Arquidiocese de Kinshasa, geridas pelo Gabinete Diocesano de Obras Médicas (BDOM), registam há vários anos dados mensais sobre as crianças nascidas com insuficiência pélvica (DDOM, 1999). Os critérios de classificação mais utilizados pelo CEPLANUT e MSF para a relação altura/peso a -2 desvios-padrão (DP) referem-se aos adoptados pela OMS (1983, retomados por Toko e colegas no CEPLANUT / FAO, 1994).

Os indicadores altura/idade, peso/altura e peso/idade são os mais utilizados.

2.2.1.2.   Dados sobre a cidade de Kinshasa

2.2.1.2.1.   Desnutrição crónica

Inquéritos realizados em alguns distritos de Kinshasa (CEPLANUT / FAO, 1994) deram em setembro de 1992, numa população de 1.847, a prevalência de desnutrição crónica de 29,8% e em setembro de 1993, numa população de 1.843 a prevalência de 29,8% (critério - 2 ET). Em 1996, o inquérito теñëe pelo CEPLANUT em colaboração com a UNICEF (CEPLANUT / UNICEF, 1996) revelou bolsas de desnutrição aguda que atingiram 32,9% nas cidades excêntricas e 42,9% nas cidades semi-rurais.

2.2.1.2.2.   Desnutrição aguda

O inquérito CEPLANUT / FAO (acima citado) encontrou taxas de subnutrição aguda de 5,2% em setembro de 1992 numa população de 1.847 e de 4,3% em setembro de 1993 numa população de 1.843. O inquérito CEPLANUT/UNICEF (1996) (acima mencionado) encontrou bolsas de desnutrição aguda que atingiam 8,1% em cidades semi-rurais, utilizando os mesmos critérios. A UNICEF (2022) refere uma percentagem de 70% de crianças subnutridas (www.unicef.org > drcongo > children).

2.2.1.2.4.   Desnutrição global

Foram encontradas prevalências de 22,4% em setembro de 1992 (CEPLANUT / FAO, 1994) e de 22,8% em setembro de 1993. Em 1996, havia bolsas de até 34,1% de crianças em algumas áreas semi-rurais.

Convém recordar que a evolução da desnutrição proto-energética varia ao longo do tempo, consoante a sua forma. No entanto, as taxas de prevalência da desnutrição global e aguda mostram uma tendência ascendente, tanto nas zonas urbanas como nas rurais. Um estudo efectuado em Kinshasa (1986) revelou uma taxa de desnutrição global de 22,0% e uma taxa de desnutrição aguda de 4,7%. Estas taxas aumentaram para 27,9% e 8,9%, respetivamente, uma década mais tarde (CEPLANUT / FAO, 1994). Em 2022, estima-se que 2,8 milhões de pessoas sofrerão de desnutrição aguda a nível mundial, incluindo 1,2 milhões de crianças com menos de cinco anos (HRP, 2022).

2.2.1.2.5.   Baixo peso à nascença e perímetro braquial

Não existem dados anteriores produzidos com base nestes dois critérios.

2.2.1.3.   Dados do município

Não foram encontrados dados sobre o estado nutricional das crianças em idade pré-escolar (0-5 anos) para o período anterior a este inquérito na Comuna. Os resultados dos poucos inquéritos que incluíam crianças de alguns bairros foram sobrevividos sem grande interesse.

2.2.2.   Segurança alimentar

2.2.2.2.   Panorama da situação da cidade

A segurança alimentar da população da cidade de Kinshasa pode ser avaliada com base em dados sobre a segurança alimentar dos agregados familiares selecionados a partir de uma amostra definida. Qualquer avaliação da segurança alimentar requer dados pormenorizados sobre a disponibilidade de alimentos e o poder de compra das famílias a nível local. Tais dados não estão atualmente disponíveis (Ministério da Agricultura, Animação Rural e Desenvolvimento Comunitário, 1991). Por esta razão, é necessário utilizar outros parâmetros, em particular a quantidade de alimentos consumidos ou disponíveis no agregado familiar

(CEPLANUT, 1996). Segundo Jacqueline Andrd, citada por Srinshaw et al (1991), a fórmula significativa do National Research Council's Food and Nutrition Bord de 1 grama de proteínas por kg de peso corporal por dia, dos quais 40% devem ser de origem animal e 60% de origem vegetal, continua a ser a mais fácil de aplicar pelos consumidores. Apesar dos padrões estabelecidos em muitos estudos, existem infelizmente poucos dados disponíveis para descrever ou definir o problema na cidade (Ministério da Agricultura, Animação Rural e Desenvolvimento Comunitário, 1991). No entanto, as conclusões combinadas dos estudos sobre :

- consumo diário de calorias por pessoa, por dia, nos agregados familiares de certas zonas da cidade (Bumbu e Kingasani);
- a frequência das refeições familiares nos 12 bairros de Kinshasa, a reserva de géneros alimentícios de base para pelo menos 3 dias nas famílias de 12 bairros ;
- A produção da cidade dos principais produtos de base confirma que a população de Kinshasa vive de dia para dia sem ter a certeza do dia seguinte (CEPLANUT, 1996).

A população de Kinshasa obtém a maior parte das suas calorias e proteínas da mandioca nas suas várias formas, do arroz, dos legumes, do peixe, da carne, da fruta e de outros alimentos. Só a mandioca representa mais de metade do peso de todos os alimentos consumidos nos agregados familiares estudados até à data (CEPLANUT, 1996). Os legumes constituem mais de 60% das calorias da dieta diária. Os legumes frescos fornecem uma proporção significativa da ingestão de proteínas da população.

2.2.2.3.   Segurança alimentar na comuna

Não existe uma estrutura responsável pela segurança alimentar das famílias no município. No entanto, os parceiros envolvidos na agricultura urbana também estão indiretamente a encorajar a disponibilidade de alimentos nos agregados familiares.

2.2.3. Agricultura urbana

2.2.3.2.   Panorama da situação da cidade

O desejo de abastecer a cidade com produtos hortícolas frescos remonta a 1950. Isto levou as autoridades coloniais a lançar o Projeto de Desenvolvimento do Vale de N'djili em 1954. Em 1957, Kimbanseke começou a cultivar legumes de "estilo europeu". As convulsões políticas de 1960 fizeram com que só em 1965, com a ajuda da Cooperação Francesa, os poderes públicos decidissem melhorar a faixa de mercado de Kinshasa. Em 1967, a cintura dos pântanos foi alargada. Em 1972, foi criado o CECOMAF, uma estrutura de apoio à comercialização de produtos hortícolas e frutícolas. Em 1979, foi criado o projeto de horticultura e piscicultura (P.M.P.). Em 1981, foi construída uma extensão nas zonas de Mokore e Bono. Foi financiado conjuntamente pelo Tesouro Público, pela França e pela CEE. As obras foram concluídas em 1986.

As primeiras tentativas de cultivo de arroz começaram em 1974. Foram alargadas em 1980 com um programa de 1.000 ha da cooperação chinesa.

Em 1972, 120 hortas foram instaladas em torno do nó de Limete, cobrindo uma superfície de 8 hectares (superfície agrícola útil). O nível técnico dos horticultores era bastante elevado, mas era necessário supervisioná-los. A zona estava sob constante ameaça de urbanização (Dëpartement de l'Agriculture, 1987). Por conseguinte, os locais de produção de legumes e de outros produtos estão a ser instalados em toda a cidade. Os lotes de habitação, no perímetro da cidade e ao longo das estradas principais são invadidos por uma atividade agrícola espontânea.

Em 1980, o volume de produtos hortícolas frescos produzidos em Kinshasa atingiu 20.000

toneladas (Ministério da Agricultura, 1987).

Catorze anos depois, a produção da cidade dos principais alimentos básicos é a apresentada na Tabela 5.

Tabela 5. Produção dos principais alimentos básicos da cidade

Denreesde base	Hectares	Produção em toneladas
Mandioca	2.920	15.040
Mas	20.557	11.729
Arroz	3.722	6.700
Feijões	2.111	900
Batata-doce	685	2.810

Fonte: Ministério da Agricultura: Anuário Estatístico reproduzido pelo CEPLANUT, 1996.

Há também uma oferta significativa de hortaliças provenientes de hortas comerciais espalhadas pela cidade e de jardins de lotes residenciais (CEPLANUT, 1996). Os agricultores urbanos produzem também peixe, cogumelos, sumo de soja e vinho. Esta espontaneidade dos agricultores urbanos continua a preocupar muitos promotores imobiliários, tendo em conta a localização destes sítios, alguns dos quais parecem estar muito expostos a diversas formas de poluição (Monama et al., 1985).

2.2.3.3.   Diferentes tipos de agricultura urbana praticados na Comuna de Limete

Em todo o território da comuna, podem observar-se dois tipos de agricultura. São elas - a agricultura urbana profissional praticada em locais de produção fora das   parcelas e
- da agricultura de parcelas praticada em parcelas residenciais (habitadas ou não) e na área circundante.

2.2.3.2.1.   Agricultura urbana profissional

Este tipo de agricultura urbana caracteriza-se essencialmente por :
-    uma grande área de ação;
-    uma grande produção ;
-    culturas intensivas, em grande escala, e/ou criação de gado mais orientada para o imirelie
;
-    um agricultor profissional que conhece e gere a exploração.

Estas explorações encontram-se :

O arroz e os legumes são cultivados no vale, à volta da cidade e ao longo das estradas principais:
-    Arrozicultura de Kingabwa (rizicultura-maricultura) ;
-    na exploração agrícola de Limete;
-    no centro de jardinagem do mercado Echangeur ;
-    no Institut Technique Agricole de Mombele ;
-    ao longo das principais estradas, nomeadamente o Boulevard Lumumba, a Route de Poids Lourd e a Avenue Universite-Sendwe;
-    no Centre d'Accueil et de Passage (CAP)-Affaires Sociales.

Para a piscicultura e a criação de gado na exploração e noutros locais:
-    prática da piscicultura e da criação de peixes na exploração agrícola de Limete;
-    criação de gado organizada na avenida Kimbau pela Cooperativa agro-pastoril de Limete
;

-   produção avícola no Centro Kimbanguiste ;
-   multiplicação de reprodutores de aves de capoeira no centro de incubação e pré-criação do CDI-Bwamanda;
-   Subprodutos à base de soja e de cogumelos na SOYAPRO ;
-   produção de alimentos para aves de capoeira e de ovos organizada pela Societe Agricole et Veterinaire (SAVET).

2.2.3.3.2. Agricultura ocasional

A agricultura ocasional é o tipo de agricultura praticada em pequenas áreas de parcelas de habitação (habitadas ou não) e na zona envolvente. Várias publicações fornecem informações valiosas. Entre elas, Paulus et al (1989) e Kabeya et al (1994). Voltaremos a elas nas linhas seguintes.

2.2.3.3.   Estruturas de apoio aos agricultores urbanos da comuna

Embora a agricultura urbana na comuna não tenha atraído a atenção de nenhum supervisor de agricultura urbana imediatamente após a independência do país, os anos 1975-1990 são reconhecidos como os de supervisão da agricultura urbana. Esses anos foram marcados pela criação de várias estruturas (essencialmente associações de agricultores, ONGs de desenvolvimento e outras estruturas públicas). Esses parceiros são os mesmos que supervisionam a segurança alimentar na comuna.

O quadro 6 apresenta pormenores sobre as estruturas de apoio da comuna.

Tabela 6. Estrutura de gestão da agricultura urbana na Comuna.

Parceiros de apoio	Natureza parceiro (ano criação)	Raio de enquadramento	Tipo de agricultores objeto de supervisão
Cooperativa agro-pastoril de Limete	Associação de agricultores (1974)	Bairros de Kingabwa, Nzadi, Ndanu	Produtores de arroz
Exploração agrícola de Limete	Associação de Agricultores (1975)	Zona industrial de Salongo	Produtores de arroz, criadores e piscicultores
Soyapro-ONG	ONG-D (1975)	Bairros Nzadi, Mbamu	Paroquianos, mulheres unidas emAMEK , Agricultores cujos filhos sofrem de subnutrição
Centrede desenvolvimento integrado-CDI Bwamanda	ONG-D (1976)	A cidade inteira	Avicultores
Jardins e Reprodução Parcelas - JEEP	Projeto (1988)	Bairro Mbamuet Nzadi	Agregados familiares com uma criança subnutrida em fase III, vizinhos e

			outros residentes de distrito
Teatro IRES	ONG-D (1989)	A cidade inteira	Agricultores de media-urbanoe populações desfavorecidas por o teatro
Programa de jardinagem presbiteriano Comunidade Presbiteriana de Kinshasa - PPJ/CPK	Programa (Serviço Missionário) (1989)	Distrito de Mbamu, Mfumu N'Vula	Agregados familiares com uma criança malnourride faseIIque visita C.S. Mayamba e Libiki
Iniciação ao desenvolvimento integrado IDECOM-ONG	ONG-D (1990)	Kingabwa yaounde, aldeia de Kingabwa, bairros de Mandrandela e Pecheurs	As explorações agrícolas agricultores, horticultores, criadores de gado parcelas, o pescadores e outros
Programa de apoio às mães bongisa e o acompanhamento de crianças subnutridas em fase II BDOM-ONG	Programa (Serviço Missionário) (1993)	Bairros de Mombele, Mfumu Nvula, Kingabwa yaoundeet Mbamu	Agregados familiares com uma criança malnourride faseIIque frequentam as paróquias de St Felix, St Amand, Gonza e Kizito
Serviço l'agriculture, Servicedu Desenvolvimento Rural, Serviço de	Parceiros públicos	Todos os Município	Agricultura

l'Environnement			

Estas estruturas são apoiadas por incentivos, técnicas e associações. A maioria dos agricultores trabalha individualmente, utilizando técnicas convencionais com pouca racionalidade. Este facto explica em parte as escassas colheitas, que não foram quantificadas.

Capítulo III. ABORDAGEM METODOLÓGICA

3.1. Abordagem

Le travail a ийНзё l approche systëmique (ou synthetique) qui consiste a considërer un systëme complexe par ses carac^ristiques ëmergentes Нёез a sa totals, propriëtë qui n'est pas reductible a une addition des caracteristiques de ses elements (Sciwarz, 1997 cite par Gobal et al., 2003). É a ciência de descrever e explicar a diversidade^ das formas (Lacoste e Salanon, 1999). É também uma abordagem que enfatiza as ligações e interações entre as partes (Giordio e Saltet, 2011 citados por Makumbelo et al., 2023). A abordagem systëmique nommëe aussi analyse systëmique é um campo interdisciplinar relativo ao l^tude dos objectos no seu complexo^. (en.m.wikipëdia.org).

O sistema de produção agrícola urbana subdivide-se em 6 subsistemas (Maldague, 1996, retomado por Makumbelo, 1999). A figura 2 mostra a abordagem global deste sistema.

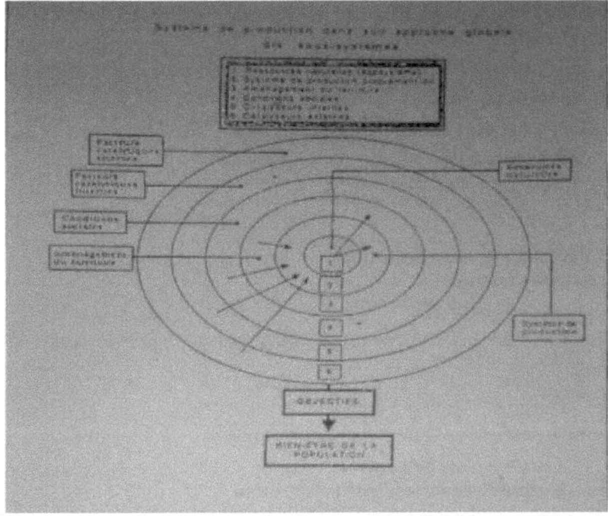

Figura 2. Sistema de produção na sua abordagem global (Maldague, 1996 retomado por Makumbelo, 1999).

A partir desta figura, verifica-se que o sistema em estudo é composto por :

- recursos naturais (diferentes locais de produção agrícola) ;
- o próprio sistema de produção (a terra com os seus problemas fundiários e a sua disponibilidade: as forças de produção com os diferentes tipos de sistema social de produção; a capacidade de produção destes diferentes actores e os factores de produção, essencialmente os bens e factores de produção disponíveis);
- o ordenamento do território (as infra-estruturas e equipamentos necessários, que neste caso são essencialmente a subdivisão e a localização destes locais de produção em relação às causas de poluição da produção).

-        as condições sociais dos produtores (a saúde dos agricultores, definida pelo nível nutricional dos seus filhos, o nível de disponibilidade de alimentos para as mёnages, Гассёз para apoio, formação e supervisão técnica ;

-        os catalisadores, que são os serviços de apoio agrícola e ambiental do município, as cooperativas e outras associações de agricultores (catalisadores internos). As ONGD, a ação dos organismos internacionais (UNICEF, União Europeia, ADF, PAM, Embaixadas (catalisadores externos). A combinação de todos estes subsistemas e ёlёmentos do sistema ёme emergem num objetivo que é o Bem-estar da população.

Esta obra, que tem um objetivo claro, conserva apenas o essencial para responder à sua preocupação.

3.2. Equipamento

*** Para todos os inquéritos**

-        uma carta geográfica ;

-        números das parcelas a inspecionar

*** Para os aspectos nutricionais**

-        uma balança mais salgada ;

-        uma vara de medição "Rolamёtre";

-        uma vara de medir de madeira e uma tira não-blástica com 3 marcas e colorida sucessivamente a vermelho, amarelo e verde;

-        os quadros de "Measuring change in nutritional statuts-guide line for vulnbrable group world a l'bcart type (-2ET)".

*** Para a segurança alimentar e a agricultura urbana**

-        um questionário;

-        um diário de bordo ;

-        uma caneta e um tablet.

3.3 Recolha de dados

*** Para os aspectos nutricionais**

-        Pesar as crianças com menos de 5 anos;

-        medir a altura da criança deitada na cama Rolambtre ou de pé, utilizando um medidor de altura de madeira;

-        levantar a circunferência do braço ;

-        perguntar às mães sobre as oportunidades que esperam para melhorar o estado nutricional dos seus filhos.

*** Para a segurança alimentar e a agricultura urbana**

-        medição dos jardins encontrados ;

-        identificação dos tipos de recursos (vegetais ou animais) cultivados (em caso de dúvida, recolher amostras para uma melhor identificação) ;

-        estimar a quantidade de produção.

3.4 Interpretação dos resultados

*** Índices de referência para os aspectos nutricionais**

-        peso da amostra em gramas ;

-        tamanho marcado em cm ;

-        comprimento do perímetro braquial registado em cm :

-        entre 12,5 cm e 13,5 cm (parte amarela) = ligeiramente subnutrido ;

-        menos de 12,5 cm (parte vermelha) = desnutrição grave;

-        mais de 13,5 cm (parte verde) = bem nutrido - baixo peso (estatísticas de maternidade).

*** Indicadores de referência para o estado da segurança alimentar e da agricultura urbana**

- expectativas dos agricultores para garantir a segurança alimentar dos seus agregados familiares; - disponibilidade e acessibilidade de vagões permanentes.

Todos os dados serão agrupados em quadros para mostrar as tendências (caraterísticas) de cada estrato da amostra.

3.5. Identificação das espécies

A identificação botânica das espécies é o ponto de partida e um dos pilares da base de trabalho (Mitja, 1992) em etnobotânica. Para tal, foi necessário, em primeiro lugar, recolher amostras de todas as espécies mencionadas no inquérito. De seguida, os resultados foram transmitidos a uma amostra da população, para que se pudessem recolher exemplares das espécies mencionadas para identificação. A identificação foi possível através da consulta de várias floras (Liben, 1987; Pauwels, 1983, 1992; Lebrun e Stork, 1991, 1992,   1995, 1997). Esta documentação foi enriquecida pelo serviço de indicadores

plantas do herbário INERA.

3.6. Cálculo da produção

No caso da produção hortícola, a quantidade foi estimada através da medição da superfície que contém o vegetal e da pesagem de uma amostra do produto.

No que diz respeito à produção de frutos, as quantidades foram estimadas por uma amostra de proprietários que anotaram a quantidade recolhida de cada vez que foi colhida. As quantidades médias registadas pelos agregados familiares foram comparadas com as registadas na literatura para cada espécie. Foram utilizadas como apoio várias publicações (Van Den Abeele e Vandenput, 1956; Vandenput, 1981; Tazenas du Montcel, 1985; Anónimo, 1989).

A avaliação da quantidade anual de frutos produzidos e a disponibilidade de frutos por espécie, por pessoa e por dia baseou-se em fórmulas publicadas anteriormente (Makumbelo et al., 2005), que já não são reproduzidas neste livro.

3.7. Estudo de uma amostra de lotes residenciais

3.7.1. Amostragem

O conceito de amostra deriva do princípio estatístico de que uma parte do universo apresenta as caraterísticas básicas do universo, quando a seleção dos elementos da amostra é feita de forma adequada e rigorosa. Uma amostra é uma parte da população constituída por um processo escolhido, em дёпёгаl, de dёlibёrёе iaeon com o objetivo de estudar as propriedades da população original (Ekofo, 1989; Wong et al., 2001; Makumbelo, 2023; Makumbelo et al., 2023).

O estudo da amostra tem dois aspetos essenciais: o aspeto matemático (que permite constituir a amostra e calcular o possível erro) e o aspeto psicológico (que consiste na elaboração do questionário, na escolha da formação do entrevistador, no tipo de monitorização do inquérito e na identificação das espёces ressources dёnombrёes) (Essanga, 1989; Makumbelo, 2023; Makumbelo et al., 2023).

3.7.1.1.   Aspectos matemáticos

3.7.1.1.1.   Amostragem

A amostragem é uma técnica essencial utilizada por razões económicas. Uma vez que a população a inquirir é geralmente demasiado grande para ser completamente inquirida, apenas uma parte dela é utilizada (FAO, 1981). É o subconjunto representativo da população ёtudiёe que consentiu nas principais caraterísticas desta última (Muluma, 2003).

A amostra abrange os lotes residenciais dos bairros da comuna de Limete.

3.7.1.1.1.1. Unidade estatística ou unidade de inquérito

Este estudo utiliza um inquérito por amostragem objetivo (Wong et al., 2001). Utiliza a "parcela" como "unidade de amostragem" e o "agregado familiar" como "unidade estatística". A parcela é definida como um pedaço de terra delimitado e atribuído que contém pelo menos uma casa de habitação e um ou mais agregados familiares. O agregado familiar é constituído por um grupo de pessoas que partilham a sua refeição principal, vivem sob o mesmo teto e estão sob a autoridade de um único chefe de família.

A consulta dos formulários de recenseamento administrativo nos serviços comunais e nos serviços de bairro, bem como a contagem sistemática das parcelas de terra, permitiram a elaboração de um registo exato das parcelas (Makumbelo et al., 2002, 2007), tal como o utilizado pelo Institut National de la Statistique (INS, 1989).

Os inquéritos foram efectuados numa amostra aleatória de todas as parcelas de acordo com Wonnacott et al. (1991) e estratificados (Norma et al., 1978; White et al., 2001; Wong et al., 2001; Makumbelo et al., 2002, 2007).

3.7.1.1.1.2. Estratificação

A estratificação é o processo que garante que todas as caraterísticas da população podem aparecer na amostra. É o índice de fiabilidade da população.

A estratificação é definida com base em Makumbelo et al (2002) e Makumbelo (2023), utilizando como critérios a idade e o estatuto das entidades ou dos bairros. Estes critérios são apresentados no quadro 7, para a idade (carácter de longa duração) e para a posição (conforto, nível de vida e posição social).

Tabela 7. Estratos e critérios de estratificação.

Estratos	Critérios de estratificação	Critérios
I	Antigo imóvel de alto padrão	A.H.
II	Antiga propriedade de gama média	A.M.
III	Antigo edifício baixo	A.B.
IV	Propriedade moderadamente antiga com elevado estatuto	M.H.
V	Média-antiguidadea Posição média	M.M.
VI	Imóvel baixo moderadamente antigo	M.B.
VII	Imóveis recentes de alto nível	R.H.
VIII	Propriedade recente de gama média	R.M.
IX	Imóveis recentes de construção baixa	R.B.

A idade dos distritos é definida em relação ao momento em que a entidade foi reconhecida como distrito administrativo. Assim, temos distritos antigos (I) estabelecidos como distritos administrativos antes da independência até 1973. Distritos moderadamente antigos (II) resultantes do alargamento das divisões administrativas em 1974, 1975 e 1976. Distritos recentes (III) constituídos por entidades criadas após estas divisões.

Maman Nzenze é considerada uma circunscrição administrativa recente pelo simples facto de se relacionar administrativamente com a Comuna sem intermediário.

A classificação do bairro é determinada pelos seguintes indicadores:

1° Todos os agregados familiares são abastecidos de água através da ligação REGIDESO.

2° Cada parcela tem o seu próprio sistema de ligação à rede de distribuição de água.

3° Cada parcela é habitada, em média, por um agregado familiar que dispõe de instalações sanitárias próprias integradas na casa de habitação.

4° A maioria dos agregados familiares tem o seu próprio meio de transporte.

5° As casas da maioria das parcelas são construídas com materiais duráveis e têm espaço suficiente para os membros do agregado familiar.

6° Estas parcelas são vedadas com materiais duráveis, seguindo um certo estilo arquitetónico.

7° A maioria das vias de acesso de veículos no bairro é mantida.

8° a entidade dispõe de iluminação pública mantida pelo SNEL.

A combinação destes critérios (idade e estatuto) e dos indicadores de estratificação correspondentes foi utilizada para definir os 9 estratos seguintes (quadro 8).

Quadro 8. Diferentes estratos, critérios de estratificação e indicadores.

Estratos	Critérios e indicadores de estratificação
Estrato I	Bairros antigos de alto nível (A.H.). Trata-se de zonas do grupo I onde a grande maioria dos lotes, casas e agregados familiares satisfazem os indicadores 1, 2, 3, 4, 5, 6, 7 e 8.
Estrato II	
Estrato III	Bairros antigos de classe média (A.M.). São as entidades do grupo I e cerca de metade dos lotes, casas e agregados familiares cumprem os indicadores: 1, 2, 3, 4, 5, 6, 7 e 8.
Estrato IV	
Estrato V	Bairros antigos de baixo nível (A.B). Trata-se de imóveis do grupo I, dos quais muito poucos satisfazem os indicadores: 1, 2, 3, 4, 5, 6, 7 e 8.
Estrato VI	
Estrato VII	Quartiers Moynement Anciens a Haut Standing (M.H.). Trata-se de zonas do grupo II onde a maioria dos lotes, casas e agregados familiares correspondem aos indicadores: 1, 2, 3, 4, 5, 6, 7 e 8.
Estrato VIII	
Estrato IX	Bairros de meia-idade de nível médio (M.M.). Trata-se de zonas do grupo II, em que cerca de metade dos lotes, casas e agregados familiares correspondem aos seguintes indicadores: 1, 2, 3, 4, 5, 6, 7 e 8.
	Bairros moderadamente antigos e de baixo estatuto (M.B.). Trata-se de zonas do grupo II onde muito poucos lotes, casas e agregados familiares correspondem aos indicadores: 1, 2, 3, 4, 5, 6, 7 e 8.
	Bairros recentes de alto nível (R.H.). Trata-se de unidades do grupo III, em que a maioria dos lotes, das casas e dos agregados familiares satisfazem os seguintes indicadores: 1, 2, 3, 4, 5, 6, 7 e 8.
	Bairros recentes de estatuto médio (R.M.). São entidades do grupo III, com cerca de metade dos lotes, habitações e agregados familiares que cumprem os indicadores: 1, 2, 3, 4, 5, 6, 7 e 8.
	Bairros recentes de baixo estatuto (R.B.). Trata-se de entidades do grupo III, com um número muito reduzido de lotes, casas e agregados familiares que cumprem os indicadores: 1, 2, 3, 4, 5,

| | 6, 7 e 8. |

Este quadro mostra que a combinação de dois critérios e dos indicadores correspondentes produziu 9 estratos diferentes.

3.7.1.1.1.3. Agrupamento de entidades em estratos

A maioria das entidades apresenta um certo grau de homogeneidade interna em termos destes critérios e indicadores. Este facto torna-as fáceis de estratificar, apesar de algumas pequenas diferenças.

Depois de organizar as várias entidades em estratos, o agrupamento das entidades em estratos é o seguinte (quadro 9).

Tabela 9. Agrupamento de entidades por estrato.

Estratos	Critérios	Entidades
I	A. H.	Limete residencial, Limete industrial, (parte antiga), Kingabwa industrial.
II	A. M.	Kingabwa Yaounde, aldeia de Kingabwa.
III	A. B.	Mombele.
IV	M.H.	Salongo (industrial).
V	MR M.	Mbamu, Nzadi, Salongo (não industrial), Mayulu.
VI	MR B.	Mososo, Mateba, Mfumu Nvula, Agrícola, Geral Masiala...
VII	R. H.	Kingabwa Mandrandele.
VIII	R. M.	Não representados e, por conseguinte, não incluídos nos quadros.
IX	R. B.	Ndanu, Maman Nzenze, Limete industriel (parte nova - Bobozo e anexo), Kingabwa pecheur.

Legenda: Critérios = A: Antigo, B: Baixo, H: Alto, M: Médio, R: Recente.

Este quadro mostra que nenhum dos bairros inquiridos preenche os critérios do estrato VIII: Recente a Médio.

3.7.1.1.1.4. Seleção da amostra

Com base num inquérito parcela a parcela de 18 480 parcelas, foi selecionada uma amostra estratificada, como mostra o quadro 10.

Quadro 10. Amostra selecionada.

Estratos	Total parcelas inquiridas	Proporção de parcelas selecionadas da amostra	Amostra
I	2.274	28.4	28,0
II	1.000	12,5	13,0
III	883	11,0	11,0
IV	160	2,0	2,0
V	4.267	53 ;3	53,0
VI	5.529	69 ;1	69,0
VII	583	7,3	7,0
VIII	+	+	+
IX	3.779	47,2	47,0
Tot	18.480	231,0	231,0

Lëgende = + : nada a registar.

O quadro 10 mostra que a amostra selecionada, com uma percentagem de amostragem de 1,25%, ou seja, uma fração de 1/10, é constituída por 231 parcelas a inquirir.

3.7.1.1.1.5. Validação dos resultados

A parte sorteada na amostra P = 1,25% e não sorteada Q = 98,75% existe uma probabilidade de 99,7% (área correspondente a + 3 vezes o desvio) de que a média do universo se situe entre os seguintes limites: *a* = Jl̵2̵5̵-̵9̵8̵,̵7̵5̵ (referente a CEPLANUT, 1988 retomado por Makumbelo, 1999).

V 18.400

= 0,08

3o = 0,08 x 3

= 0,24

a.   1,25 - 0,24 = 1,01% limite inferior

b.   1,25 + 0,24 = 1,49% limite superior com uma margem de erro de ± 0,24%.

3.7.1.1.1.6. Tabulação e apresentação dos resultados

Como já foi referido, os dados devem ser compilados em quadros para mostrar as disparidades entre os diferentes estratos.

Na secção Resultados e interpretação do presente trabalho, todos os resultados da amostra estratificada estão agrupados por estrato (I a IX) nos vários quadros. As únicas excepções são os quadros 19, 20, 27, 34 e 37.

A contagem foi efectuada manualmente, utilizando uma calculadora para efetuar as várias operações.

3.7.1.2. Aspeto psicológico

3.7.1.2.1. Conceber e redigir o questionário

O questionário consiste em enviar a um grande número de pessoas a mesma lista de perguntas previamente preparada, seguida do dëpouⅢement sistemático das respostas que têm ëlëments para os quais se procura a opinião, o juízo ou a involução de um sujeito interrogado.

É escrito com a imaginação e a intuição do investigador.

O questionário *foi* concebido para descobrir, através do conhecimento da população no seu ambiente, as suas expectativas em relação aos cuidados de saúde para os membros do seu agregado familiar, as actividades organizadas pelo agregado familiar para o conseguir, os inputs que os membros utilizam e os outputs que obtêm. Este questionário não esqueceu o local onde se realizam estas actividades.

3.7.1.2.2. Administração do questionário

Sendo em princípio anónimo e auto-administrado, o investigador só intervém em casos de extrema necessidade. Neste caso, ele está preparado para ser enviado a grupos definidos, considerados como habitantes de Kinsiasa, que se dedicam à agricultura urbana ou que têm filhos menores de 5 anos para pesar. Os agricultores urbanos são aqueles que cultivam nas suas parcelas residenciais ou aqueles que cultivam na sede provincial de Kinsiasa.

O modo de autoadministração do questionário foi determinado, com referência a Makumbelo et al, (2002, 2007, 2008) e Makumbelo et al, (2016), pelos resultados do pré-teste. Estes resultados ditaram uma escolha particular da entrevista e do tipo de autoadministração do questionário. De facto, embora se reconheça que a entrevista, no sentido técnico, pode ser definida como um procedimento de investigação científica, utilizando um processo de comunicação verbal, para recolher informações em relação ao objetivo estabelecido (Muluma,

2001), sendo a população de Kinshasa muito preocupada em encontrar soluções para a sobrevivência, a comunicação verbal é mais adequada do que enviar um questionário para ser preenchido sozinho pelos inquiridos.

A autoadministração do questionário consiste em o inquirido ler (sozinho) o questionário antes de responder. Neste trabalho, a pergunta foi feita verbalmente ao inquirido e as respostas do inquirido foram registadas no formulário do inquérito sem qualquer outra troca entre o entrevistador e o inquirido.

Uma parcela inclui todas as pessoas encontradas no momento do inquérito em torno de um adulto da parcela visitada. O inquérito considera esta parcela como a unidade de inquérito e a pessoa adulta (idosa) encontrada é considerada como a pessoa inquirida. O inquérito utilizou um questionário aberto.

É também de salientar que "o alimento básico é definido como o alimento preparado que, numa ração alimentar normal, excede quantitativamente todos os outros alimentos que fazem parte integrante de uma ração (Departamento de Agricultura e Alimentação).

Dëveloppement rural, 1987). Neste trabalho, a disponibilidade de alimentos básicos é apenas indicativa. Estes produtos são eles próprios mais comprados do que produzidos pelos agregados familiares. As técnicas de produção e o seu impacto na qualidade de cada um destes alimentos, bem como as condições em que são produzidos, não foram objeto deste estudo.

3.8. Outros inquéritos que produziram dados não estatisticamente testados

Esta secção inclui entrevistas realizadas sem uma amostra estatística pré-definida. A qualidade dos dados recolhidos foi confirmada por triangulação simples.

Os inquéritos foram efectuados junto dos produtores modernos, que são estruturas de produção organizadas, e junto dos agricultores profissionais, em locais que não as parcelas de habitação.

3.9. Observação

De 1999 até hoje, 24 anos depois, foi efectuada uma observação contínua. Todos os novos desenvolvimentos foram registados.

II PARTE

APRESENTAÇÃO E INTERPRETAÇÃO DOS RESULTADOS

Esta parte inclui : Apresentação dos resultados (capítulo 4) e Interpretação dos dados (capítulo 5).

Capítulo IV. APRESENTAÇÃO DOS RESULTADOS

4.1. Dados dos agregados familiares inquiridos

4.1.1. Dados sócio-demográficos

Os dados sobre as parcelas e os agregados familiares inquiridos, o número médio de agregados familiares que vivem numa parcela e a população encontrada por estrato são apresentados no Quadro 11.

Quadro 11. Localização das parcelas objeto de inquérito.

Estratos	Parcelas de amostragem	Parcelas inquiridas	Inquéritos aos agregados familiares	Número médio de agregados familiares por parcela	População atingida
I	28	17	31	1,8	158
II	13	12	21	1,7	169
III	11	8	17	2,1	136
IV	2	2	4	2,0	32
V	53	53	122	2,3	1.006
VI	69	63	147	2,2	1.177
VII	7	7	10	1,1	80
IX	47	39	61	1,5	393
Total	231	201	413	2,0	3.151

Este quadro mostra que foi retirada uma amostra de 231 parcelas do inquérito de 18.480 parcelas. Foram inquiridas 201 parcelas nas quais foram contados 413 agregados familiares, para uma média de 2,0 agregados familiares por parcela.

O quadro 12 mostra o número de crianças de 0 a 5 anos, a média (população por parcela, por agregado familiar e crianças de 0 a 5 anos), o número de crianças e o número de agricultores por parcela.

Tabela 12. Número de crianças menores de 5 anos, média (da população por parcela, por тёпаде e crianças menores de 5 anos), número de crianças e agricultores das parcelas.

Número de crianças de 0-5 anos	População média por parcela	População média por aldeia	Número médio de crianças dos 0 aos 5 anos por agregado familiar	Número de crianças de 1 a 5 anos a inquirir	Número de agricultores de parcelas urbanas
18	9,2	5,0	0,5	9,0	19,0
18	14,0	8,0	0,8	9,0	11,0
20	17,0	8,0	1,1	10,0	8,0
6	16,0	8,0	1,5	3,0	2,0
98	18,0	8,2	0,8	49	38

109	18,6	8,0	0,7	55	125
15	11,4	8,0	1,5	8,0	9,0
70	10,0	6,4	1,1	35,0	41,0
354	15,6	7,6	0,8	178	253

A partir da Tabela 12, verifica-se que 354 crianças de 0-5 anos têm ëtë dënombrës numa média populacional de 15,6 por parcela e 7,6 por mënage. O número médio de crianças de 0-5 anos por mënage é de 0,8. O número de crianças com idades entre 1 e 5 anos a serem inquiridas é 178 e o número de agricultores de parcelas é 253.

4.1.2. Caraterísticas relevantes para o inquérito nutricional

O quadro 13 apresenta as caraterísticas do inquérito nutricional.

Quadro 13. Situação das crianças de 0-5 anos por estrato.

Parcelas investigadas	Número de crianças dos 0 aos 5 anos anos recensës	Número de crianças de 1 a 5 anos ansa investigar	Número de crianças de 1 a 5 anos efetivamente enquëtës
17	18	9	9
12	18	9	6
8	20	10	10
2	6	3	0
53	98	49	41
63	109	55	44
7	15	8	7
39	70	35	31
Total	353	178	148

De um total de 353 crianças com idades compreendidas entre os 0 e os 5 anos, foram identificadas 178 crianças com idades compreendidas entre os 1 e os 5 anos, tendo 148 sido efetivamente pesadas e a sua altura medida.

4.2. Dados sobre o estado nutricional

4.2.1. O que as mães esperam conseguir para melhorar a saúde dos seus filhos

As respostas das mães com vista a melhorar a saúde dos seus filhos estão registadas no quadro 14.

Tabela 14. O que as mães esperam para melhorar a saúde dos seus filhos.

Número de mães inquiridas	Boa alimentação	Controlo da infeção	Controlo dos problemas sociais	Lidar com problemas familiares	Abstenção
9	7	1	1	0	0
6	4	1	1	0	0
10	4	2	2	2	0
0	0	0	0	0	0
41	14	6	9	3	9

44	21	13	13	0	0
7	3	2	1	1	0
31	10	7	7	4	3
Total	63	32	34	10	12
%	42,5	21,6	22,9	6,7	8,1

De um total de 148 mães (de crianças pesadas), 42,5% pensam que com uma boa alimentação podem assegurar o crescimento dos seus filhos. 22,9% acreditam que o domínio das questões sociais (financeiras, políticas, etc.) lhes permitirá controlar as condições para o crescimento saudável dos seus filhos.

4.2.2. Dados sobre a situação nutricional (desnutrição em crianças de 1 a 5 anos).

A situação relativa à subnutrição crónica (T/A) é apresentada no quadro 15.

Quadro 15. Número de crianças que sofrem de malnutrição crónica.

Número de crianças com 15 anos medidos	Crianças subnutridas	Crianças bem nutridas
9	5	4
6	2	4
10	2	8
0	0	0
41	13	28
44	12	32
7	2	5
31	13	18
Total	49	99
%	33,1	66,8

Os resultados registados nesta tabela (15) mostram que 33,1% das crianças são consideradas cronicamente subnutridas.

O quadro 16 mostra a percentagem de crianças que sofrem de malnutrição; iiguc' (P/T)

Quadro 16. Percentagem de crianças que sofrem de malnutrição aguda.

Número de crianças de 1 a 5 anos pesadas e com altura medida	Crianças subnutridas	Crianças bem nutridas
9	6	3
6	0	6
10	0	10
0	0	0
41	1	40
44	3	41
7	0	7
31	7	24
Total	17	131
%	11,4	88,5

A Tabela 16 mostra que 11,4% das crianças estão subnutridas. Não foram registados casos nos estratos II, III, IV e VII.

A Tabela 17 mostra as percentagens de crianças que sofrem de desnutrição, conforme medido pelo përimëtre braquial.

Tabela 17. Crianças que sofrem de desnutrição aguda (perímetro braquial).

Crianças cujo perímetro braquial mede	Crianças gravemente desnutridas (nR)	Crianças moderadamente subnutridas (nJ)	Crianças bem nutridas (nV)
9	3	3	3
6	0	1	5
10	2	1	1
0	0	0	0
41	5	1	29
44	1	8	35
7	0	0	7
31	8	6	17
Total	19	26	103
%	12,2	17,5	69,5

A análise do quadro 17 mostra que 30% das crianças sofrem de malnutrição mgim, em comparação com 69,5% das crianças bem nutridas.

O Quadro 18 mostra as percentagens de crianças que sofrem de malnutrição global.

Quadro 18. Percentagem de crianças que sofrem de malnutrição global (G/M).

Número de crianças de 1 a 5 anos pesadas	Crianças que sofrem de desnutrição	Crianças bem nutridas
9	5	4
6	3	3
10	3	7
41	14	27
44	13	31
7	0	7
31	16	15
Total	54	94
%	36,0	63,5

A Tabela 18 mostra que 36,0% das crianças estão subnutridas, em comparação com 63,5% que têm boa saúde.

[er]A Tabela 19 mostra as percentagens de crianças nascidas com insuficiência pélvica (nas maternidades Kingabwa 1 e 2 e Musoso no primeiro trimestre de 1996).

Tabela 19. Situação das crianças que nasceram com baixo peso.

Mês	Total de entregas em	Nascimento com < 2500g	Total de nascimentos	Nascimento com < a

	Kingabwa	em Kingabwa	Musoso	2500ga Musoso
janeiro	225	37	41	2
fevereiro	200	40	54	5
março	260	36	41	0
Total1^{er} trimestre	685	113	136	7
%	100	16,0	100	5,0

Fonte: Relatório trimestral do Hospital de Liziba. Z.S. Kingabwa-Arquidiocese de Kinshasa (BDOM).

A tabela acima mostra 16% e 5% de crianças nascidas com insuficiência pélvica nas maternidades de Kingabwa e Mososo, respetivamente.

4.3. O estado da segurança alimentar

4.3.1. Expectativas dos pais

As expectativas dos pais para garantir a segurança dos seus agregados familiares estão expressas no quadro 20.

Tabela 20. Principais formas através das quais os pais esperam garantir a segurança alimentar dos seus agregados familiares.

Produção agrícola	Recursos financeiros	Produção agrícola e recursos financeiros	Esperança em Deus	Rise Debrouilla	Respostas incoerentes
122	81	5	13	17	15
46,2%	32,0%	1,9%	5,1%	6,1%	5,9%

Da análise do quadro 20, verifica-se que 46,2% das mënages 1^përeⵊ pela produção agrícola, 32,0% pelos meios financeiros e 1,9% pela produção agrícola e meios financeiros.

4.3.2. Disponibilidade de recursos vegetais e de produtos animais produzidos pelas famílias.

As informações relativas a este ponto são apresentadas no quadro 20.

Quadro 20. Disponibilidade de recursos pecuários e produtos pecuários produzidos pelos agregados familiares.

Mënages agricultores	Disponível rCë até 3 dias com uma horta	Disponib ПИë até 3 dias com árvore de fruto	Disponib ПИë até 3 dias com ëlevage	Disponibil Иë de mais de 3 dias com horta	Disponibil Иë de mais de 3 dias com árvore de fruto	Disponibil Иë de mais de 3 dias com ëlevage
16	7	11	4	2	4	2
11	5	7	3	5	4	0
9	3	3	3	2	5	0
2	1	2	0	1	0	0
48	24	36	7	15	8	7
55	19	50	17	14	2	2

7	3	6	1	4	1	1
36	15	11	13	16	22	5
Total	77	126	46	60	46	17
%	18,6	30,5	11,6	14,5	11,1	4,1

A análise do quadro 20 mostra que a disponibilidade de alimentos é mais assegurada pelas árvores de fruto e pelos produtos hortícolas do que pelo gado. Este é o caso tanto para até 3 dias como para mais de 3 dias por semana.

4.3.3. Disponibilidade de alimentos de base (alimentos ricos em amido) mais consumidos pelos agregados familiares

A Tabela 21 mostra a disponibilidade de géneros alimentícios básicos. Este quadro é cc^ë por razões de espaço nos quadros 21a e 21b.

Tabela 21a. Disponibilidade de alimentos básicos por idade.

Mandioca		Mandioca e milho		Mandioca, chikwangue e malemba		Mandioca e arroz	
(1)	(2)	(1)	(2)	(1)	(2)	(1)	(2)
0	5	9	2	0	2	5	0
2	1	2	6	0	0	4	1
2	0	4	5	0	0	5	0
0	0	1	0	0	0	0	0
8	5	42	29	7	3	7	6
18	14	54	22	12	7	5	0
0	0	3	3	0	1	1	2
6	3	24	9	5	9	4	0
Tot. 36	29	139	76	24	13	31	9
%6 ,7	7,0	33,6	18,4	5,8	3,1	7,3	2,1

Lëgende : Tot. = total ; (1) = disponibilidade até 3 dias por semana ; (2) = disponibilidade mais de 3 dias por semana.

Tabela 21b. Disponibilidade de alimentos básicos por quilómetro (continuação).

Arroz		Mandioca, arroz e milho		Mandioca, arroz e chikwangue		Maniocet banana-da-terra		Frutos de 1' arbrea pão	
(1)	(2)	(1)	(2)	(1)	(2)	(1)	(2)	(1)	(2)
0	3	0	0	0	5	0	0	0	0
0	0	0	0	0	0	2	2	1	0
0	0	1	0	0	0	0	0	0	0
3	0	0	0	0	0	0	0	0	0
0	0	5	1	4	3	0	0	1	0
0	0	7	3	3	0	0	0	2	0
0	0	0	0	0	0	0	0	0	0
2	3	0	1	1	2	0	0	1	0
Tot. 5	6	13	5	8	10	2	12	5	0
%	1,4	3,1	1,2	1,9	2,4	0,4	0 ,4	1,2	0,0

1,2									

Lëgende : Tot. = total ; (1) = disponibilidade até 3 dias por semana ; (2) = disponibilidade mais de 3 dias por semana.

Uma análise da tabela 21b mostra que dos 413 agregados familiares inquiridos, ou seja, 100%, 33,6% têm mandioca disponível até 3 dias por semana na forma de cossacos e mai's, 18,4% têm-na disponível durante mais de 3 dias por semana, 8,7% têm mandioca disponível até 3 dias por semana e 1,2% têm fruta-pão *(Artocarpus altilis)* disponível até 3 dias por semana.

A chikwangue e a malemba são transformações da mandioca.

4.3.4. Disponibilidade de alimentos para as famílias que cultivam no vale, nos arredores do vale e ao longo das estradas principais

A segurança alimentar destes agregados familiares é tida em conta na segurança alimentar de todos os agregados familiares inquiridos. É de salientar que cerca de 5.001 agricultores (100%), 8 piscicultores (100%) e 122 horticultores (100%) têm mais de 3 dias de abastecimento por semana de arroz durante o período de colheita, peixe e vários vegetais, respetivamente.

A produção da CDI Bwamanda, da SOYAPRO ONG e da Sociëtë Agricole et Vëtërinaire (SAVET) é um complemento aos alimentos disponíveis no mercado.

4.4. Agricultura urbana

A secção relativa à agricultura urbana trata da condução e da produção destas actividades (produção agrícola nos lotes de habitação e produção agrícola fora dos lotes de habitação).

4.4.1 Actividades agrícolas

4.4.1.1. Actividades agrícolas exercidas em parcelas residenciais (habitadas ou não) e suas imediações.

A repartição dos agricultores por idade, sexo e meios financeiros é apresentada no quadro 22.

Quadro 22. Distribuição dos agricultores das parcelas por idade, sexo e meios financeiros.

Total homens	Total de mulheres	Menagesqui pode ser encontrado em graves dificuldades financeiras	Menagesqui ter alguns possibilidades financeiras	Menagesquiont mais oportunidades financeiras
4	15	11	3	5
3	8	3	3	5
3	5	7	1	0
1	1	2	0	0
18	20	19	10	9
17	108	74	40	11
5	4	4	2	3
14	27	12	18	11
Tot . 45	188	132	77	44
%25 ,6	74,3	52,1	30,4	17,3

Legenda: Tot. = Total.

A análise do quadro 22 mostra que as mulheres estão mais envolvidas nas actividades agrícolas do que os homens. Mais de metade dos agregados familiares estão a passar por graves dificuldades financeiras.

4.4.1.2. Diferentes actividades agrícolas organizadas pelas famílias

As diferentes actividades agrícolas organizadas pelas famílias estão agrupadas no quadro 23.

Quadro 23. Actividades agrícolas organizadas pelos agregados familiares.

Horta	Árvores de fruto	Reprodução	Jardim e árvores de fruto	Jardim e gado	Árvores de fruto e gado	Jardim, árvores de fruto e gado	Actividades agrícolas	Não têm atividade agrícola
1	6	0	3	0	1	5	16	15
0	0	0	8	0	0	3	11	10
1	2	0	3	0	0	1	9	8
0	0	0	2	0	0	0	2	2
2	3	1	29	1	4	8	48	74
1	15	1	20	1	5	11	55	92
0	0	0	5	0	0	2	7	3
0	2	2	16	1	1	14	36	25
Tot. 5	28	4	86	3	14	44	184	229
%2 ,7	15,2	2,1	46,7	1,6	7,6	23,9	100 44,5	55,5

Legenda: Tot. = Total.

A análise do quadro 23 mostra que 44,5% dos agregados familiares inquiridos organizam pelo menos uma atividade agrícola. A maioria dos agregados familiares tem uma horta e pelo menos uma árvore de fruto. Muito poucos agregados familiares têm uma horta e gado. A árvore de fruto é a atividade mais organizada.

4.4.1.3. Localização das hortas

O quadro 24 mostra a localização das hortas.

Tabela 24. Localização das hortas.

Número de jardins	Lotes residenciais	Arruda	Valores	Outros terrenos	Lotes e ruas	Gráficos e valores
9	8	0	(1)	0	0	0
11	10	0	0	1	0	0
5	4	0	(1)	0	0	0
2	2	0	0	0	0	0
40	32	0	(2)	0	0	3
33	27	6	0	0	0	1
7	5	0	0	2	0	2
31	28	2	0	1	0	0
Tot. 138	116	8	(4)	4	0	6
% 100	84,0	5,7	(2,8)	2,8	0,0	4,3

Lëgende : Tot. = Total ; ( ) = não visto durante o inventário.

A análise da Tabela 24 mostra que mais de 80% das hortas familiares são colocadas em lotes residenciais e mais de 5% na rua. Apenas 2,8% são placës noutros lotes que são ëccкз, ë igrejas ou outros locais próximos do lote habitacional. Nenhum mënage tem hortas colocadas tanto no lote de habitação como na rua.

4.4.1.4. Caraterísticas das hortas familiares implantadas em parcelas residenciais e na zona envolvente

As principais caraterísticas das hortas inquiridas são apresentadas no quadro 25.

Por razões de espaço, este quadro está dividido em 25a e 25b.

Tabela 25a. Caraterísticas das hortas inquiridas.

$Área de terra ocupada (em m^2)	$Área de terreno desocupado (em m^2)	Jardim no terreno	Jardim no exterior do terreno	Vedação do jardim	Jardim não fechado	Utilização de fertilizantes (orgânicos e químicos)	Não utilização de fertilizantes
213	360	8	1	2	7	6	3
276	318	10	1	0	11	5	6
77	250	4	1	1	4	3	2
100	44	2	0	0	2	1	1
1227	3594	31	8	2	37	22	17
931	2392	27	6	1	32	20	13
261	590	5	2	0	7	5	2
1074	4830	28	3	10	21	25	6
Tot. 4.159	12.476	115	22	16	121	87	50
%45 ,3	54,6						
%		83,5	16,0	11,6	88,3	63,5	36,2

Legenda: Tot. = Total.

A análise da parte a do quadro 25 rëyëк mostra que mais de 54% dos lotes têm espaço para instalar um jardim. ^{2}Estas parcelas têm 12.476 m . No total, 88% das parcelas não estão vedadas e 83,5% dos jardins estão instalados em parcelas residenciais.

A parte b do quadro 25 contém as restantes caraterísticas dos jardins das parcelas.

Tabela 25b. Caraterísticas das hortas inquiridas.

Jardins expostos à poluição	Jardins protegidos dela poluição	Jardins regados com l'eau de la Regie des eaux	Jardins regados com um outra água
1	8	6	3
3	8	8	3
1	4	4	1
1	1	2	0
6	33	26	8
7	26	26	7
2	5	5	2
15	16	28	3
Tot. 36	101	105	32
%26 ,2	73,7	76,6	23,3

Legenda: Tot. = Total.

A segunda parte do quadro 25 mostra que mais de 73% das parcelas estão protegidas da poluição e mais de 76% são irrigadas com água Regideso.

4.4.1.5. Caraterísticas relativas à dimensão das hortas familiares nos lotes de habitação

As caraterísticas relativas à superfície dos jardins são apresentadas no quadro 26. Por razões de espaço, este quadro será dividido em a e b.

Tabela 26a. Caraterísticas relativas à dimensão das hortas.

[2]Superfície dos jardins (em m)	[2]Superfície de jardins não urbanizados (em m)	[2]Superfície média dos jardins (em m)	Número de jardins cujo A zona situa-se entre [22]15 e 39 m (em m)	Superfície dos jardins com A zona situa-se entre [22]15 e 39 m (em m)	Zona não cultivada de jardins onde o A zona situa-se entre [22]15 e 39 m (em m)	Superfície média dos jardins com A zona situa-se entre [22]15 e 39 m (em m)
3	50	3	7	170	110	24
30	126	6	2	46	80	23
6	90	2	1	21	40	21
0	0	0	1	30	42	30
74	1186	5	12	266	719	22
67	500	6	9	184	399	20
23	160	11,5	1	20	120	20
84	1110	7	6	135	350	22
Tot. 287	3222	40,5	39	872	1860	182
%			28,4			
X em m^2		5,7				22,7

Lëgende : Tot. = Total.

[222] [2]A análise do quadro 26a mostra que a dimensão média das hortas com menos de 15 m é de 5,7 m e a das hortas entre 15 e 39 m é de 22,7 m.

A figura 3 mostra um canteiro de legumes colocado no vale.

Figura 3. Canteiro de legumes no vale.

[2]O quadro 26b apresenta as caraterísticas das hortas com mais de 39 m.

Quadro 26b. Caraterísticas relacionadas com a dimensão das hortas (continuação).

Número de jardins cujo [2,2]a superfície é superior a 39 m (em m[2])	Superfície dos jardins com [2,2]dimensão a 39 m (em m[2])	[2]Área de jardins com mais de 39 m não [m]operado (em 2)	Área média de [2,2]jardins com 39 m (em m[2])	Área média por estrato
1	40	40	40	24
4	200	62	50	25
1	50	60	50	15
1	70	0	70	50
14	887	1197	63,3	31
12	680	858	56,6	28
4	218	410	54,5	37
14	855	2850	51	35
Tot. 51	3000	5477	445,4	206
% 37,3				
X em m[2]			55,6	31

Lëgende : Tot. = Total.

[22]O quadro 26b mostra que a dimensão média das hortas com mais de 39 m é de 55,6 m .

4.4.1.6. Produtos hortícolas ainda não transformados

O quadro 27 mostra os legumes indígenas encontrados nas hortas caseiras.

Tabela 27. Lëgumes ainda não valorisës.

Estratos onde a espécie é	Número de parcelas ocidentai	Nome local	NomfrangaisName cientista

listada	s identificou o espëço		
3	1	Kataba	Justiçastratasubsp insularia (T.Anders) J.K.Morton
3	1	Milembwa	*Talinum fruticosum* (L.) Juss. Syn. *Talinum triangulare* (Jacq) Willd
3	1	Mutamwa	*Grassocephalum sarcobasis* (DC.boj)) S Moore
9	1	Tidi	*Phytolacca dodecandra* L. Herit.

Para além do Kikalakasa (*Psophocarpus scandens* (Endl.) Verdc., foundë em parcelas com mais de um estrato, alguns outros mdigënes tegumes têm ëtë trouvës em cantos bem enriquecidos de parcelas habitacionais.

4.4.1.7. Distribuição de árvores de fruto

A distribuição das árvores de fruto é apresentada no Quadro 28. Por razões de espaço, este será dividido em vários subquadros a, b e c.

Tabela 28a. Rëpartição das árvores frutíferas difërentes da fruta-pão nas parcelas.

Meng que têm pelo menos uma árvore	Meng que tenham pelo menos uma espëcie	Número de plantas desta espécie	Número de agregados familiares com duas espécies	Número de plantas desta espécie	Número de agregados familiares com três espécies	Número de plantas destas espécies	Número de agregados familiares com quatro espécies	Número de plantas destas espécies
15	3	7	1	2	0	10	4	17
12	3	3	2	5	0	5	4	20
8	0	0	1	2	0	13	5	14
2	0	0	0	0	0	5	0	0
45	3	7	11	36	0	60	8	38
57	13	25	7	24	0	40	7	18
7	0	0	1	2	0	10	4	7
34	4	5	12	27	1	30	4	23
Tot. 180	31	47	35	101	1	259	33	228
%43 ,5								
100	17,3		10,5		0,5		18,4	

Lëgende: Tot. = Total; Мёпд = mënages.

Da Tabela 28a, verifica-se que 0,5% das mënages têm três espëces arbóreos com um total de 259 pés arbóreos, 18% têm quatro com 228 indivíduos. Para além disso, 17% têm um espëço com 47 indivíduos e 10% têm dois espëços com 101 pés.

A Tabela 28b mostra a distribuição das árvores fruteiras, com exceção das árvores de fruta-pão, localizadas fora da parcela.

Tabela 28b. Rëpartição das árvores de fruto diferentes de 1 árvore de fruta-pão fora do lote de habitação.

N.º de mg. que têm pelo menos uma árvore amëliorë	N.º de mg. que têm menos uma espécie	N.º de plantas desta espécie	N.º de mg. com duas espécies	N.º de pés destas espécies	N.º de mg. com três espécies	N.º de pés destas espécies	Número de mg. com quatro espécies	N.º de pés destas espécies
2	0	0	0	0	0	0	1	1
1	0	0	0	0	0	0	0	0
0	0	0	0	0	0	0	0	0
1	0	0	0	0	0	0	0	0
2	2	2	1	2	0	0	1	5
0	3	3	3	18	0	0	0	0
0	0	0	0	0	0	0	0	0
1	0	0	1	3	1	3	0	0
Tot. 7	5	5	5	23	1	3	3	22
%3 ,9	2,7		2,7		0,5		1,6	

Lëgende : Tot = Total ; Nb. = Número ; Mg. = mënages.

A Tabela 28b mostra que 3,9% dos agregados familiares têm pelo menos uma árvore melhorada, ou seja, um total de 7 pés. 2,7% têm uma espécie de árvore diferente da árvore de fruta-pão fora do lote de habitação, com 5 pés: 2,7% têm duas, com 23 pés: 0,5% têm 3 pés fora do lote e 1,6% têm quatro, com 22 pés.

A Tabela 28c mostra o número de agregados familiares com pelo menos uma árvore de fruta-pão ou outra árvore.

Tabela 28c. Número de mënages com pelo menos uma árvore de fruta-pão ou outra árvore.

Número de agregados familiares com pelo menos uma árvore de apanha na trama	Número de pés	Número de agregados familiares com pelo menos uma árvore de apanha fora da trama	Número de pés	Número de agregados familiares com outro tipo de árvore na parcela	Número de pés	Número de agregados familiares com pelo menos um outro tipo de árvore fora da parcela	Número de pés
0	0	0	0	0	0	0	0
1	1	0	0	0	0	0	0
0	0	0	0	0	0	0	0
0	0	0	0	0	0	0	0
1	1	0	0	1	1	0	0
2	0	0	0	0	0	0	0
0	0	0	0	0	0	0	0

1	1	0	0	0	0	0	0
Tot. 5	5	0	0	1	1	0	0
%2 ,7		0,0		0,8		0,0	

Lëgende : Tot. = Total.

A análise da Tabela 28c mostra que 2,7% das mënages têm pelo menos uma árvore de fruta-pão com 5 pés e 0,8% têm pelo menos um outro tipo com 1 pé na parcela.

1.1.1.6. Número de árvores de fruto e de outras árvores de fruto por espécie plantadas por agregado familiar.

O Quadro 29 mostra o número de árvores fruteiras (e outras árvores) por espécie plantadas por agregado familiar. Por razões de espaço, o quadro 29 será dividido em a, b e c.

Tabela 29a. Número de pés de árvores de fruto (e outras) por espécie e тёпаде.

Número de agregados familiares com pelo menos uma árvore de fruto	Número de mangueiras	Número de Abacateiro	Número de ameixeiras	Número de plantas de citrinos	Número de videiras Safoutier	Número de plantas de Pomier
15	8	8	1	5	1	3
11	8	8	0	2	3	2
8	8	6	1	1	2	1
2	2	1	0	0	0	0
44	37	30	4	11	10	2
52	33	21	0	14	10	5
7	4	3	0	0	1	1
33	93	25	10	1	3	3
Tot. 172	125	87	7	36	30	19

Lëgende : Tot. = Total.

O quadro 29a mostra que o inquérito identificou 125 mangueiras em 172 agregados familiares inquiridos. A manga continua a ser a espécie mais representada. Segue-se o abacate (87 árvores) e os citrinos (36 árvores).

A figura 4 mostra uma fotografia de um safoutier (*Dacryodes edulis*) nos arredores da cidade.

Figura 4. Plantas mais seguras em parcelas residenciais nos arredores da cidade.

Como se pode ver, os habitantes de Kinshasa, quer vivam no centro da cidade ou na periferia, plantam sempre uma árvore de fruto nas suas casas para segurança alimentar.

Tabela 29b. Número de pés de árvores de fruto (e outras) por espëce e mënage (continuação).

Número de agregados familiares com pelo menos uma árvore	Agregados familiares com um coco	Agregados familiares com papaia	Menage quiont o badamier	Agregados familiares com coração de boi	Famílias produtoras de goiaba	Agregados familiares com o carambolier
15	2	3	1	2	1	1
11	1	1	0	2	0	0
8	0	4	0	2	0	0
2	0	2	0	0	0	0
44	2	23	1	6	2	0
52	2	9	2	4	1	0
1	2	3	1	1	0	0
33	2	14	1	4	1	0
Tot. 172	11	59	6	21	5	1

Lëgende : Tot. = Total.

A análise deste quadro mostra que a papaia (com 59 plantas) vem depois das duas já mencionadas (manga e abacate) plantadas pelos mënages. É seguido pelo creur de breuf.

A Tabela 29c mostra o número de árvores de fruta-pão e outras espécies de frutos.

Tabela 29c. Número de pés de árvores de fruto (e outras) por espëce e mënage (continuação).

Número de agregados familiares com pelo menos um árvore	Agregados familiares com fruta-pão	Agregados familiares com palmeiras	Agregados familiares com bananeira	Agregados familiares com cana açúcar
15	0	5	1	0
11	1	3	3	0

8	0	1	3	0
2	0	0	2	0
44	1	17	9	0
52	2	15	8	4
7	0	4	5	0
38	1	14	8	1
Tot. 172	5	59	39	5

Lëgende : Tot. = Total.

A análise da tabela 29c mostra que a palmeira de óleo (*Elaeis guineensis*) (59 pés) em primeiro lugar e a banana *(Musa paradisiaca)* (59 pés) em segundo lugar são amplamente cultivadas pelos agregados familiares em Limete.

As mangueiras, os abacateiros, as papaieiras, as palmeiras, as bananeiras e os citrinos são as principais espécies encontradas nas parcelas de habitação desta comuna.

1.1.1.7. Espécies animais criadas pelos agregados familiares

A Tabela 30. mostra as espécies animais criadas pelos agregados familiares. Por razões de espaço, esta tabela será dividida em a e b.

Quadro 30a Espécies animais criadas pelos agregados familiares.

Agregados familiares de criação	Galinha	Pato	Pombo	Galinha d'angola	Porquinho-da-índia	Carne de porco
6	4	0	1	1	0	0
3	2	0	0	0	0	0
3	2	1	0	0	0	0
0	0	0	0	0	0	0
14	9	0	1	0	1	0
19	13	0	0	0	0	1
2	1	0	0	0	0	0
18	12	4	0	0	0	0
Tot. 65	43	5	2	1	1	1
%100	66,1	7,6	3,0	1,5	1,5	1,5

Lëgende : Tot. = Total.

A análise desta tabela mostra que 66, 1% das mënages ëlëyeп1: pelo menos uma galinha e 7,6% um pato.

A figura 5 mostra uma fotografia de uma exploração de frangos.

Figura 5. Uma galinha criada ao ar livre.

Esta fotografia mostra que, em mais do que um caso, as galinhas são ëlevëes deambulantes.
O quadro 30b mostra as espécies animais criadas pelos agregados familiares.
Quadro 30b. Espécies animais criadas pelos agregados familiares (continuação).

Agregados familiares de criação	Cabra	Galinha e pato	Gable e pato	Galinha e pombo	Frango e carne de porco	Poulean d porquinho-da-índia
6	0	0	0	0	0	0
3	0	1	0	0	0	0
3	0	0	0	0	0	0
0	0	0	0	0	0	0
14	0	0	0	1	1	0
19	(1)	2	1	1	0	1
2	0	0	0	0	0	0
18	0	2	0	0	0	0
Tot. 65	(1)	6	2	2	1	1
%100	1,5	9,2	3,0	3,0	1,5	1,5

Lëgende : Tot. = Total. () = não visto pelo entrevistador.

Esta tabela (30b) mostra que as galinhas e os patos estão mais estreitamente associados em Kinshasa. Também muito poucas das mënages ëlëventam os animais de duas espécies diferentes em simultâneo (galinha e porco ou galinha e porquinho-da-índia).

1.1.1.8.   Número de cabeças por espécie criada

O quadro 31 apresenta o número de famílias criadoras de gado e de efectivos por espécie. Por razões de espaço, este quadro será apresentado nos quadros a e b.
Tabela 31a. Número de mënages criadores e chefes ëlevëes por espëce.

Número de explorações que criam galinhas	Número de cabeças de galinha ëlevëe	Número de explorações que criam patos	Número de cabeças de pato ë^ë	Número de explorações de criação de pombos	Número de cabeças de roda dentada ë^ë	Número de explorações de criação de pintadas	Número de cabeças de pintadas ë^ë

51

4	26	0	0	1	4	1	2
3	17	1	1	0	0	0	0
2	4	1	2	0	0	0	0
0	0	0	0	0	0	0	0
11	29	1	7	1	11	01	0
17	42	3	8	2	4	0	0
2	4	1	2	0	0	0	0
14	52	6	15	0	0	0	0
Tot. 53	224	13	35	6	19	1	2

Lëgende : Lëgende : Tot. = Total ; ( ) = não visualizável pelo enqueteur.

Esta tabela mostra que a galinha é a espécie mais ëlevëe (recensëe). É encontrada no maior número de mënages e tem as cabeças mais ëlevëes. É seguida pelo pato em número de mënages que praticam a sua ëlevage e também em número de ëlevëes cabeças.

O quadro 31b mostra o número de famílias que praticam a criação de gado e o número de cabeças por espécie.

Tabela 31b. Número de mënages reprodutores e cabeças ëlevées por espëce (continuação).

Número de agregados familiares que conduzem um inquérito sobre porquinhos-da-índia	Número de cabeças de porquinho-da-índia criadas	Número de agregados familiares que criam suínos	Número de cabeças de suínos criados	Número de agregados familiares que criam cabras	Número de cabra de raça
0	0	0	0	0	0
0	0	0	0	0	0
0	0	0	0	0	0
0	0	0	0	0	0
1	8	1	8	0	0
1	3	1	2	2	(8)
0	0	0	0	0	0
0	0	0	0	0	0
Tot. 2	11	2	10	2	(8)

Lëgende : Tot. = Total ; ( ) = O que não é visto pelo entrevistador.

Este quadro mostra que o número de agregados familiares que criam porquinhos-da-índia, porcos e cabras é o mesmo, apenas o número de cabeças criadas é diferente. O número de cabeças de porquinhos-da-índia é mais elevado do que o número de cabeças de porcos. A criação de cabras é efectuada fora da parcela de habitação e dos seus arredores.

1.1.1.9. Especificidade da raça

A Tabela 32 mostra a especificidade das raças de galinhas (seja aldeia ou aтëHorëe).

Quadro 32. Sraças de galinhas.

Número de galinha	Galinha da aldeia	Galinhas poedeiras	Poulede carne	Galinha mista (cadeira e camada)

4	2	2	0	0
3	2	1	0	0
2	2	0	0	0
0	0	0	0	0
11	11	0	0	0
17	16	1	0	0
2	1	1	0	0
14	12	2	0	0
Tot. 53	46	7	0	0
%100	86,7	13,2	0,0	0,0

Lëgende : Tot. = Total.

A Tabela 32 mostra que as galinhas indigëne (aldeia) são as mais comuns (86,7%) nestas explorações. Não foram registadas galinhas amëliorëe (frangos de carne e raças mistas) (0,0%).

4.4.2. Produção agrícola

4.4.2.1.   Estimativa da produção de legumes, frutas e carne nos lotes de habitação e na zona envolvente

A produção de tegume (efectiva e potencial) e a produção de frutos são apresentadas no quadro 33.

Quadro 33a. Produção de k'gume (em toneladas) e de frutos (em kg).

Produção vegetal atual	Produção possível vegetal	Produtos onda mangueira	Produção de abacate	Produção palmeira	Produtos ondu papaia
0,213	0,573	800	640	437,5	258
0,276	0,594	800	640	262,5	86
0,77	0,327	800	480	97,5	344
0,100	0,142	200	80	0,0	172
1,227	4,821	3600	2400	1487,5	1978
0,931	3,323	3300	1680	1312,5	774
0,861	0,951	400	240	350,0	258
1,074	5,904	2500	800	1225,0	1204
Total. 4,159	16,635	12400	6960	5152,5	5074
Produção / tonelada por dia o inquérito 4,155	16,635				
Produção por espécie/tonelada/ano 33,272	133,08	12,4	16,96	5,1625	5,07

Lëgende : Tot. = Total.

A análise desta parte do quadro (33 a) mostra que a produção atual de legumes (33 toneladas) corresponde a um quarto do que poderia ser produzido se o espaço disponível nestas parcelas fosse explorado (produção possível de 133 toneladas) por ano. Esta situação verificava-se mesmo no dia do inquérito (4 toneladas contra 15,5 toneladas).

Mostra também que a produção de manga é quase o dobro da de abacate, palma e papaia. A produção de banana é a mais baixa.

O quadro 33b apresenta a segunda parte do quadro de produção. Agrupa os dados relativos à produção de frutos e de carne.

Tabela 33b. Produção total de frutos e carne por espécie.

Prod. total de frutos	Prod. dela galinha	Produção de patos	Produção de pombos	Produção de porquinhos-da-índia	Produção de carne de suíno	Prod. de a cabra	Prod. carne total (kg)
3,0305	35,1	0,00	1,92	0,00	0,00	0,00	37,02
2,1985	22,9	3,15	0,00	0,00	0,00	0,00	26,05
1,9465	5,4	6,30	0,00	0,00	0,00	0,00	11,70
0,4920	0,00	0,00	0,00	0,00	0,00	0,00	0,00
11,5705	106,0	22,05	5,28	8,00	2600,0	0,00	2741,33
9,6765	56,7	25,20	1,92	3,00	550,00	420,00	1156,82
1,3480	5,4	6,30	0,00	0,00	0,00	0,00	11, 70
6,4140	70,2	47,25	0,00	0,00	0,00	0,00	117,45
Total 36,7565	302,4	110,25	9,12	11,00	3200,0 0	420,00	4102,07
Produção em t/dia de inquérito	0,3024	0,1103	0,009	0,01	3,250	0,420	4,1027

Lëgende : Prod. = Produção.

O quadro 33b mostra que a produção total de fruta é de 36,7 toneladas por ano. A produção de carne é de 4,1 toneladas, sendo a produção de carne de porco de 3,2 toneladas na altura do inquérito.

Na altura do inquérito, apenas a carne de porco produzia 3 toneladas.

Esta produção é interessante quando medida em quilogramas (em peso vivo adulto).

A Figura 6 mostra uma exploração de suínos ë a funcionar num enclave construído em alvenaria.

Figura 6. Criação de porcos em parcelas em Kinshasa.

Os porcos são criados em pocilgas construídas em madeira ou em alvenaria.
Relativamente à produção de frutos, o quadro 34a apresenta a quantidade de frutos e a
disponibilidade diária de frutos por habitante do município para as 6 espécies principais. Por
razões de espaço, este quadro será dividido em a e b.

Quadro 34a. Quantidade de frutos e disponibilidade diária de frutos por habitante da Comuna
para as 6 espécies principais.

Espécies	Número de pésat produção por espécie extraída do conjunto das 18 475 parcelas do município	Produção em toneladas extrapoladas para todas as árvores do Município	Disponibilidade média de alimentos por por pessoa por dia habitantes da Comuna grama extrapolado para todas as parcelas	Disponibilidade de alimentos por pessoae por dia, os habitantes da comuna emKcal extrapolado para todas as parcelas
Mangifera indica	11.488	1.146, 789	10,9	4,54
Persea americana	7.982	638,532	6,1	5,82
Elaeis guineensis	5.413	473,670	4,5	14,58
Carica papaya	5.413	485.505	4,4	1,04
Musa paradisíaca	3.394	67.890	0,6	0,34
Dacryodes edulis	2.752	192,661	1,8	2,37

Este quadro mostra que *a Mangifera indica* é a espécie mais representada na comuna. Mas é a
disponibilidade alimentar de *Elaeis guineensis* que é importante.
Os valores (quantil e disponibilidade diária) para as espëces menores são apresentados na
tabela 34b.

Quadro 34b. Quantidade de frutos e disponibilidade diária de frutos por habitante do
município para as 13 espécies menores.

Espëces	Número de pés em parespëce de produção extrapolado para os 18 .475 parcelas de terreno pertencentes	Produção toneladas desarborizados inventários na amostra	Produção toneladas extrapolado para todas as árvores dela Município	Disponibilidade de alimentos por pessoa por dia habitantes da Comuna em gramas nas parcelas que têm estas espëces	Disponibilidade de alimentos por pessoa por dia habitantes da comuna em Kcal em parcelas que têm estas

	ao município				espécies
Annona reticulata	1.9227	0,153	28905.	2,63	1,17
Citrinos limões	1.743	1,349	123,761	12,46	1,30
Eugenia malaccensis	1.743	1,330	122,018	-	-
Citrus sinensis	1.193	0,832	76.330	11,23	2,43
Terminalia catappa	1.101	0,972	34,728	-	-
Cocos nucifera	1.009	5.784	52,807	91,96	227,23
Flacourtia ramoutchi	459	1,500	137,615	52,85	22,38
Artocarpus incisa	459	0,095	8,716	3,33	1,94
Psidium guajava	183	0,194	17,798	17,02	5,88
Citrus reticulata	92	0,020	1,835	3,51	2,68
Musa sapientum	92	0,007	0,642	1,23	0,35
Passiflora edulis	92	0,019	1,743	3,33	-

A tabela 34b mostra que *Cocos nucifera* é a espécie com maior disponibilidade nas parcelas onde está disponível.

4.4.2.2. Principal destino da produção familiar (de produtos hortícolas, fruta e carne na parcela doméstica e na zona circundante)

Esta parte dos resultados será dividida em três quadros: 35a para a horta, 35b para as árvores de fruto e 35c para o gado.

Quadro 35a. Utilização principal dos produtos da horta.

Mënages com jardins	Autoconsumo	Venda	Autoconsumo e venda
9	7	0	2
11	10	0	1
5	3	0	2
2	2	0	0
39	30	0	9
33	28	1	4
7	5	0	2
31	24	0	7
Total 137	109	1	27
% 100	79,5	0,7	19,7

A Tabela 35a mostra que mais de 79% dos agregados familiares com hortas usam os seus produtos para auto-consumo. Apenas 0,7% dos agregados familiares vendem os seus produtos.

O quadro 35b mostra o principal destino da produção de árvores de fruto.

Quadro 35b. Principal destino da produção de árvores de fruto.

Mënages com árvores de fruto	Autoconsumo	Venda	Auto-consumo e vendas
15	13	0	2
11	8	0	3
8	7	0	1
2	1	0	1
44	30	0	14
52	40	0	12
7	4	0	3
33	20	0	13
Total 172	123	0	49
% 100	68,7	0,0	31,2

O quadro 35b mostra que 68,7% dos agregados familiares utilizam a sua produção de fruta para auto-consumo e 31,2% para venda e auto-consumo.

O quadro 35c apresenta o destino da produção animal.

Quadro 35c. Principal destino da produção animal.

Mënages que têm uma ëlevage	Autoconsumo	Venda	Autoconsumo e vendas
6	5	0	1
3	2	0	1
3	3	0	0
0	0	0	0
14	10	0	4
19	16	1	2
2	1	0	1
18	17	0	1
Total 65	54	1	10
% 100	83,0	1,5	15,3

Este quadro mostra que 83 dos agregados familiares tencionam utilizar a sua produção animal para consumo próprio. 15,3% utilizam-na para auto-consumo e venda e 1,5% para venda.

4.4.2.3. Principais motivações dos agricultores

As motivações destes agricultores estão agrupadas no quadro 35.

Quadro 36. Principais motivações dos agricultores.

Número de	Número de	Hábitos de	Reduzir as	Aumentar	Stimute	Rë resposta

agregados familiares que praticam a agricultura	agricultores	infância	despesas do orçamento familiar	o rendimento do agregado familiar	falou formação agrícola	incoerente
15	19	3	3	2	3	8
12	11	2	3	0	0	4
8	8	4	1	1	1	1
2	2	0	0	0	1	1
46	38	7	10	6	9	4
60	125	15	75	20	5	10
7	9	2	5	1	1	0
38	41	7	18	7	4	5
Total 188	253	40	117	39	24	33
%	100	15,8	46,2	15,4	9,4	13,0

A Tabela 36 mostra que 61% dos agricultores se envolveram por razões económicas, ou seja, 46% para reduzir as despesas do orçamento familiar e 15% para aumentar o seu rendimento. Apenas 13% dos agricultores apresentam motivações muito confusas mas, em rёаШё, escondem as dificuldades decorrentes da situação atual.

4.4.3. Produção de arroz, legumes, frutas e carne em parcelas não cultivadas

A produção fora das parcelas é agrupada na Tabela 37. Por razões de espaço, esta tabela será всирё em a, b.

Quadro 37a. Produção agrícolaoaysanne des mёnages.

Sitede produção	Área de superfície atual [(ha)]	Área de superfície possível [(ha)]	Produção atual (Kg)	Produção possível (kg)	Produção total atual (toneladas)	Produção total possível (toneladas)
Moinho de arroz Kingabwa	400,00	520,00	1. 500de arroz	6.000 kg de arroz	600de paddy 400 de arroz descascadoё	3121de paddy 2185de arroz descascado
Quinta Agrícola de Limete	0,10 dos quais 0,0325 de exploração piscícola enriziere 0, 042de piscicultura 0, 023de lklevage	0,12 dos quais 0,05 de exploração piscícola de enriziere 0,05 de piscicultura 0,025 dklevage	3000de arroz 100 de veneno Alguns quilos de carne (coelho, pato, porco)	6000de arroz 200de peixe Algumas carnes (coelho, pato, porco)	0, 09de arroz 0,06 de arroz descascado 0, 01 de arroz peixe e várias centenas de quilos de carne	0, 3de arroz 0,21 de arroz descascado 0, 02 de arroz peixe Algumas centenas de kg de carne

Jardim do mercado Intercâmbio de Limete	0,7	0,7	1000de kgume pt 3 a 4 meses	1000de kgume em 3 a 4 meses	2.1 de kgume	2.1 de kgume
Instituto Técnico Agrícola de Mombele	0,2	0,7	1000de kgume pt 3 a 4 meses	7000de kgume em 3 a 4 meses	6de kgume	21de kgume
Centro de Atendimento ao Cliente Passagem	0,05	0,05	60de folha de mandioca em 1 a 2 meses	60de folha de mandioca em 1 a 2 meses	0, 3de folhas de mandioca	0, 3de folhas de mandioca
Lelong de avenidas Poids Lourd, Universite e Boulevard Lumumba	0,5	0,5	2500 folhas de mandioca	2500 folhas de mandioca	15 de folhas de mandioca	15 de folhas de mandioca
Total	401.64	522,39			600,09 de arroz paddy 420,06 de arroz descascado 0, 61de peixe Algumas centenas de kg de carne 27de vegetal 15. 3de folhas de mandioca	3121,55 de paddy 2185,55 deriz decórtico 0, 02de peixe Algumas centenas de quilos de carne 42de vegetal 15. 3de folhas de mandioca

A análise do Quadro 37a mostra uma área potencial de 522 ha que poderia ser utilizada para actividades agrícolas, dos quais apenas 401 ha foram cultivados até à data. Obtém-se uma produção de 600 toneladas de arroz em casca, 420 toneladas de arroz descascado, 0,61 toneladas de peixe, 27 toneladas de legumes, 15 toneladas de folhas de mandioca e várias centenas de quilogramas de carne. Se toda a parcela fosse explorada, a produção atingiria mais de 3121 toneladas de arroz em casca, 2185 toneladas de arroz descascado, 0,02 toneladas de peixe, 42 toneladas de produtos hortícolas, 15 toneladas de folhas de mandioca e várias centenas de quilogramas de carne.

A figura 7 é uma fotografia de um jardim de folhas de matembele *(Ipomoea batatas)* com uma planta de papaia.

Figura 7. Horta Matembele, que também tem uma árvore de papaia (*Carica papaya*) num local de produção invadido por edifícios não planeados.

O quadro 37b agrupa a produção de estruturas spëcialisëes no comércio profissional.

Tabela 37b. Produção de estruturas spëcialisëes.

Estruturas de transformação e produção de reprodutores	Produção atual
Centro Kimbanguista (1995)	460 reprodutores (pintos) + cerca de 2.000 ovos cobertos
Centro de Desenvolvimento CDI Bwamanda (1995)	11.830 crianças 6.576 crianças 131.335 reufs fecondes em 3.849 t. de alimentos para animais 78, 73% alimento esponja 9, 07%alimentos de carne 6, 04%alimentos de porco 2,34% alimentos para cavalos 2,04% ração para codornizes
Soyapro ONG (1995)	Média5kg/d de fungo 42 125 garrafas de leite de soja 49 154 saquetas de leite de soja 316 garrafas de vinhos diversos
Sociedade Agrícola e Veterinária (SAVET) (última produção anterior)	Com 40.000 poedeiras, produziu 1.200-1.220 tabuleiros de 30 ovos por dia = 3.600 ovos para consumo. 10 a 11t. de ração

O quadro 37b mostra que as estruturas de transformação e de produção de reprodutores (nomeadamente pintos) produziram mais ou menos 2.000 ovos abrangidos pelo Centro Kimbanguiste. O Centre de Dëveloppement Integre (CDI)-Bwamanda, a Soyapro-ONG e a

Sociëtë Agricole et Veterinaire-SAVET contribuem grandemente para a produção de alimentos para humanos e animais.

4.5. Novos desenvolvimentos

- A cidade está a registar um crescimento populacional significativo. Estimada em 6,062 milhões em 2000 (INS, 1993), a população deverá atingir 10 milhões em 2020 (Makumbelo et al., 2023). [2]Algumas fontes estimam mesmo que esta população oscilará em 2023 entre 15,628 e 16,316 milhões de habitantes na cidade, com uma densidade de 27.193 inh./km ; enquanto para l'аддlотёгайоп de Kinshasa, estima-se em 17.239,463 milhões de habitantes com uma densidade de 1.730 inh./km2 em 2021 (Congo Job ecer.com, 2023; en.m.wikipedia.org).

- A mudança dos chefes de família e o desaparecimento das hortas nas parcelas onde se encontravam.

- O hábito de plantar hortaliças: folhas de mandioca (*Manihot glaziovii*) e matembele (*Ipomea batatas*) e árvores frutíferas: abacate (*Persea americana*), mamão (*Carica papaya*), manga (*Mangifera indica*) e safoutier (*Dacryodes edulis*) perto da casa.

Em 2011, um inquérito sobre a agricultura urbana em Kinshasa, numa amostra de 500 horticultores, identificou indivíduos de *Mangifera indica* e *Persea americana* com uma frequência de 200 e 58, respetivamente, em todas as parcelas inquiridas e registou as opiniões de 97,4% dos inquiridos disseram que "gostavam da horticultura comercial" e 97,0% disseram que estavam "satisfeitos com a horticultura comercial porque o seu rendimento lhes permite viver" (Musibono et al., 2011).

A Figura 8 mostra uma parcela fragmentada onde mais de uma espécie frutífera é cultivada ou mantida para o sëcuritë alimentaire du mënage.

Figura 8. Uma parcela fragmentada com mais de uma espécie frutífera.

A análise desta figura mostra uma parcela em meio corte na qual uma planta de *Dacryodes edulis* (*Burseraceae*), *Carica papaya* (*Caricaceae*), *Mangifera indica* (*Anacardiaceae*), *Persea americana* (*Lauraceae*) e *Spondias dulcis* Foster (syn. *Spondias cytherea* Sonn. (manga ya sende) (*Anacardiaceae*) e, em segundo plano, dois outros indivíduos de *Persea americana* plantados ou mantidos para o abastecimento alimentar do agregado familiar.

- A modernização da cidade levou muitos habitantes a construir nos andares superiores ou a cimentar o seu terreno.

Já foi referido que, quando a população de uma cidade aumenta, isso dá lugar a um aumento das áreas construídas e a uma perda de espaço para o cultivo de alimentos e para a competição.

- Se na primeira década, a superfície de um lote era de 4 hectares 4ca (lei n°80-008 de 18 de julho de 1980), no final desta década, mais de um lote de habitação tinha sido dividido devido ao aumento do número de habitantes, à modernização da cidade e ao aumento do espaço para outras actividades lucrativas. Este facto reduziu seriamente o espaço disponível para as hortas e o gado nos lotes de habitação.

- A necessidade de terrenos para habitação aumentou drasticamente, o que levou à subdivisão de antigos locais de produção de produtos hortícolas. Alguns perderam áreas significativas de terreno e outros desapareceram mesmo.

- Algumas árvores, nomeadamente a mangueira (*Mangifera indica*), o safoutier (*Dacryodes edulis*) e o coqueiro (*Cocos nucifera*), são muito altas.

- A tendência para ocupar todos os terrenos levou as igrejas, as escolas e a administração pública a encerrarem as suas concessões como medida de precaução.

- Os terraços são construídos ao longo das estradas principais por causa da água da chuva e do medo da erosão.

- As necessidades alimentares das famílias aumentaram. Consequentemente, a venda de legumes, frutas e carne tornou-se um negócio altamente lucrativo.

- Esta expansão urbana levou um certo número de pessoas singulares e/ou colectivas com recursos financeiros importantes a transferir o conjunto das actividades agrícolas para a periferia da cidade, nomeadamente para o Plateau des Bateke.

- Nos arredores de Kinshasa, grandes extensões de terra são ocupadas por explorações agrícolas pertencentes a cidadãos privados e/ou expatriados.

- Isto resulta em conflitos entre tribos e entre "populações indígenas e não indígenas".

As duas figuras (9 e 10) mostram fotografias de antigos locais de produção agrícola atualmente ocupados por edifícios.

Figura 9. Fotografia dos edifícios de betão onde outrora se situava o jardim do mercado de Matete.

A análise desta figura mostra que os edifícios que surgiram ocupam o local de produção de Matete, onde os horticultores produziam toneladas de legumes por ano, algumas décadas mais tarde.

Figura 10. Fotografia de l'Echangeur de Limete, onde se situava o local de produção de l'Echangeur.

A análise desta fotografia mostra um local totalmente vedado, onde tudo está debaixo de bëton, com áreas de lazer em todos os lados.

Capítulo V. INTERPRETAÇÃO DOS RESULTADOS E PERSPECTIVAS DE ECODESENVOLVIMENTO PARA 2025-2035

5.1. Interpretação dos resultados

5.1.1. Estado nutricional

As mulheres estão conscientes de que o fator mais importante para garantir o crescimento dos seus filhos é uma boa alimentação (42,5%).

No terreno, infelizmente, as percentagens de crianças subnutridas são mais elevadas do que as taxas normativas de 10%, 20% e 15%. A situação real é a seguinte: desnutrição iiguc': 11,4% das crianças estão desnutridas de acordo com o rácio P/T e 12,3% das crianças têm um përimëtre braquial de crianças gravemente desnutridas. De acordo com o mesmo critério, 17,5% das crianças apresentavam desnutrição moderada. 36,0% das crianças apresentavam desnutrição global, de acordo com a relação P/A, e 13,1% apresentavam desnutrição crónica, de acordo com a relação T/A. Além disso, um número significativo de crianças tem peso a menos nas maternidades, ou seja, 5% em Mososo e 16% em Kingabwa 1 e 2. Aceita-se que se "em дёгагя! a percentagem de crianças subnutridas for igual ou superior a 10% utilizando ^ëra^ o përimëtre braquial ou a relação P/T, a subnutrição é generalizada e existe um verdadeiro problema de nutrição. Por outro lado, se, utilizando a relação T/A, for encontrada uma taxa superior a 20%, existe um problema grave, como acontece quando a relação P/A é de 15%" (CEPLANUT, 1996).

Este grave problema nutricional explica a degradação do estado de saúde da população desta comuna. Curiosamente, são os bairros de Kingabwa pecheur, Maman Nzenze e Funa os mais afectados. Ora, estes bairros são habitados por pescadores.

5.1.2. Segurança alimentar

As dificuldades enfrentadas pelas famílias no que respeita à segurança alimentar em Kinshasa foram destacadas em mais do que uma publicação. Maisonneuse (1999) é um exemplo disso. Os resultados deste estudo permitem uma interpretação segundo a qual :

48,2% dos agricultores estão conscientes de que, com uma boa produção agrícola permanente, um agregado familiar pode garantir a segurança alimentar dos seus membros. 32,0% pensam que podem fazê-lo apenas com meios financeiros, 17,3% produzindo e vendendo os produtos de certas actividades geradoras de rendimento (coser e vender roupa, fazer e vender bolos, etc.).

Quanto à disponibilidade efectiva de alimentos, a produção agrícola daqueles que cultivam, plantam e criam gado fora das parcelas (Valtee de N'djili, Ferme agricole de Limete, Echangeur de Limete, Institut Technique Agricole de Mombele, Centre d'Accueil et de Passage Kimbanguiste e ao longo das estradas principais) podem certamente garantir que os seus agregados familiares tenham acesso a produtos hortícolas, fruta e produtos animais durante mais de 3 dias por semana. A produção ao longo de estradas principais suscita receios de doenças relacionadas com o chumbo (Monama et al., 1985).

Apenas 15,9%, 12,8% e 0,1% dos agregados familiares têm legumes, fruta e produtos animais disponíveis mais de 3 dias por semana, respetivamente.

A mandioca e o milho (18,4% dos agregados familiares), a mandioca (7% dos agregados familiares), a mandioca, o chikwangue e a malemba (3,1% dos agregados familiares) são os alimentos básicos disponíveis durante mais de 3 dias por semana.

São muito poucos os agregados familiares que gozam de segurança alimentar na comuna. "A situação alimentar é crítica. O problema espinhoso tem dois aspectos: a instabilidade do abastecimento e o baixo poder de compra" (CEPLANUT, 1996). Esta situação está na origem do que a FAO já tinha afirmado em 1970 para o país no seu conjunto: "uma grande parte da população sofre de graves carências calóricas e proteicas" (Ministère de l'Agriculture, Animation Rurale et Dëveloppement Communautaire, 1991). No entanto, "o milho, outrora ignorado pela população de Kinshasa, está a ser rapidamente adotado por essa população" (Vangu, 1995).

5.1.3. Agricultura urbana

Os locais de produção de imirais fora das parcelas dispõem de espaço suficiente e produzem atualmente uma quantidade significativa de produtos hortícolas. Esta produção poderia ser aumentada se estas superfícies fossem objeto de uma utilização racional. No entanto, é de salientar que a produção em alguns sítios já está poluída por um dos grandes rios da civilização moderna. Os níveis de chumbo ultrapassam as normas da OMS (não excedendo 10 ppm nos géneros alimentícios) (Monama et al., 1985).

Só as hortas e os campos em meio urbano, fora dos ecossistemas florestais e de savana, podem fornecer produtos hortícolas às pessoas que não dispõem de meios financeiros suficientes.

Como se pode constatar, os produtos hortícolas mais cultivados são os que não necessitam de viveiro nem de transplantação. *Manihot glagiovii*, *Phytolacca dodecandra* e *Psorocarpus scandens* (peso fresco por 100 g de parte comestível) têm teores de proteínas foliares da ordem de 6% a 7% e teores de hidratos de carbono de fibra exclusiva de 5% a 7%, enquanto *Justicia strata* subsp insularis, recentemente cultivada, tem teores de 4% e 9%, respetivamente (Dupriez e Liener, 1987; Mbemba e Remacle, 1992). *Ipomea batatas* não tem menos.

No conjunto, os nossos resultados mostraram que 19 espécies vegetais foram cultivadas e cerca de 47 000 plantas das 18 espécies frutícolas foram plantadas ou mantidas em 1,09% das 18 475 parcelas desta comuna. A *Mangifera indica* foi a espécie arbórea mais frequentemente plantada e a *Ipomoae batatas* a espécie vegetal mais frequentemente cultivada.

Os agregados familiares dos lotes de habitação da comuna contribuíram com 33,27 toneladas de produtos hortícolas, 4 087 toneladas de fruta e 4,1 toneladas de carne por ano. A produção de legumes poderia atingir 133,08 toneladas se toda a área disponível fosse explorada.

As seis principais espécies (*Mangifera indica*, *Persea americana*, *Elaeis guineensis*, *Carica papaya*, *Dacryodes edulis* e *Musa paradisiaca*) e os citrinos produziram, por si só, 36,67 toneladas de frutos. A contribuição destas espécies para a alimentação da população foi estimada em 10,9 g, 6,1 g, 4,5 g, 4,4 g, 1,8 g e 0,6 g de frutos por pessoa e por dia, respetivamente. Isto equivale a uma disponibilidade alimentar média diária para os habitantes da comuna, para o conjunto das parcelas com estas espécies, de 4,54 Kcal; 5,82 Kcal; 14,58 Kcal; 1,04 Kcal; 2,37 Kcal e 0,34 Kcal. O domínio de certas ecotécnicas e a educação ambiental sobre as "árvores na cidade" poderiam aumentar a importância desta contribuição. Estes resultados também foram publicados por Makumblo et al (2002, 2005).

Um estudo de *Burseraceae* em 12 977 parcelas em 10 distritos de 5 comunas de Kinshasa mostrou que 599 parcelas, ou 5% das parcelas, tinham pelo menos uma planta *de Dacryodes edulis* (Makumbelo et al., 2016).

A Comissão Interministerial (1998) estima que existe uma planta de *Mangifera indica* e uma planta de *Persea americana* em cada parcela, e uma planta de *Dacryodes edulis* numa parcela em cada 3 em Kinshasa. Isto contrasta com Limete, onde os indivíduos destas 3 espécies foram encontrados em 50%, 42% e 14% das parcelas inquiridas, respetivamente.

A arboricultura de frutos em hortas e em parcelas de habitação é uma das actividades que contribui para aumentar a disponibilidade de alimentos para as famílias em Kinshasa (Ministérios: Planeamento, Agricultura e Pecuária, Educação Nacional, Ambiente, Conservação da Natureza e Turismo/PNUD/UNOPS, 1998, reimpresso por Makumbelo et al., 2005). Ao mesmo tempo, permite conciliar a conservação e a utilização sustentável da diversidade biológica no seu ambiente imediato com o desenvolvimento da população. É esta a preocupação da UICN (União Internacional para a Conservação da Natureza e dos Recursos Naturais, 1980), do Nosso Futuro Comum (Comissão Mundial sobre o Ambiente e o Desenvolvimento, 1988) e da Conferência do Rio (Conferência das Nações Unidas sobre o Ambiente e o Desenvolvimento - CNUAD, 1993), retomada por Makumbelo et al. (2005).

Um grande número de legumes e frutos tropicais tem um valor nutricional particularmente elevado. A sua contribuição significativa em calorias, proteínas, vários minerais úteis para o corpo e vitaminas (Dagroote, 1970; FAO, 1990; Mbemba e Remacle, 1992; Favier et al., 1993) é um trunfo importante para a nutrição e saúde humanas.

As espécies principais (*Mangifera indica, Persea americana, Elais guineensis, Carica papaya e Dacryodes edulis*) encontram-se entre as 29 espécies fruteiras citadas por Pauwels (1982, 1993) como árvores comuns ou menos comuns em ambientes modernos e habituais na região de Kinshasa, juntamente com 8 outras que ele menciona como espécies menores. A primeira espécie tem (em peso fresco por 100 g de parte comestível) um teor calórico de 65 Kcal, um teor proteico de 0,6 g e um teor de hidratos de carbono exclusivamente fibrosos de 17,2 g; a segunda tem 159 Kcal, 1,8 g e 8,0 g respetivamente; *Dacryodes edulis* tem 263 Kcal, 4,6 g e 14,9 g (Mbemba e Remacle, 1992).

Esta vëgëtação urbana   cumpre uma série de funções, nomeadamente alimentares, medicinais, artísticas e mágico-religiosas (Kabeya et al., 1994; Makumbelo et al., 2016).

Ajuda também a manter o ciclo biogëoclimatico nos ëcosystëmes urbanos. Reforçada, pode fagocitar a biodiversidade e a fisionomia do ëcosystëme urbano, permitir a redução de substâncias e poeiras na atmosphëre e estabilizar a sua composição e efeitos climáticos. Este papel de regulação térmica só é possível quando a presença de árvores e vegetais é evidente em todas as parcelas, ruas e outras áreas da cidade.

Infelizmente, o boom demográfico e a modernização da cidade conduziram à expansão urbana e às suas consequências, que Guillaume Faburel lamenta. O deputado salienta que, quando a população de uma cidade aumenta, esta perde as suas áreas cultivadas, as zonas húmidas e o coberto vegetal e dá lugar a um aumento das áreas construídas, que podem aumentar até 134%. É o caso de Daca e Mumbai, onde a área construída quase duplicou (Faburel, 2023). Esta situação provoca uma concorrência direta ou indireta entre os membros de diferentes agregados familiares.

5.2. Perspectivas de ecodesenvolvimento para 2025-2035

Se a década de 1990-2000 foi marcada pela destruição da situação económica e sanitária da população de Kinshasa, causada essencialmente pela recusa em aplicar as resoluções da Conferência Nacional Soberana, pela deslocação das vias de acesso à capital e pelos efeitos da guerra de libertação conduzida pela AFDL e outras, novos desenvolvimentos estão a emergir como novos problemas para Kinshasa no período 20252035. O que precisamos de pensar é num outro cenário de ecodesenvolvimento para responder à questão central: "como podemos garantir a segurança alimentar de toda a população nos agregados familiares, ou como podemos encorajar os agregados familiares a alimentarem-se corretamente (em vez de como podemos cultivar ou criar gado?" (Sachs et al., 1981).

A solução para esta questão pode estar numa resposta agrícola urbana adaptada, na qual o jardim dos lotes residenciais integra a cultura sem solo (Aya, 2023) e as actividades agrícolas fora dos lotes residenciais em explorações apoiadas por um quadro institucional e um fundo de produção nacional. Arboricultura de frutos revista, para a qual as ecotécnicas de propagação, produção melhorada, transformação e conservação mereceriam mais atenção por parte dos agricultores. A investigação centrar-se-á na multiplicação de variedades melhoradas ou selecionadas, na atualização da quantificação da produção por espécie e na determinação das melhores condições edáficas. A educação ambiental sobre "árvores na cidade" chamará a atenção das pessoas para a importância dos legumes e das árvores de fruto nos ecossistemas urbanos e na agricultura urbana (Makumbelo et al., 2005).

Já em 2011, foi sugerido que o Estado governante deveria investir na segurança da horticultura comercial a nível económico, concedendo microcréditos, a nível ecológico, reduzindo drasticamente a utilização de produtos químicos e a nível social, promovendo a propriëtë Гопаёгe, porque os horticultores dëclaram que a horticultura comercial lhes permite ter dinheiro e viver melhor do que o funcionário público, enviar os filhos a lkcole e viver com 9a por um mês (Musibono et al., 2011).

A cultura sem solo é um tipo de agricultura concebido simultaneamente por dois alemães, KNOP e Sachs, em 1860. O seu verdadeiro desenvolvimento data dos anos 1975-1980. As vantagens deste tipo de cultura incluem a utilização de áreas onde não há solo, a construção de terraços e de lixeiras (Morard, 1995). Trata-se, portanto, de um dos tipos de práticas agrícolas adaptadas às condições dos meios urbanos que emergem do solo.

CONCLUSÃO

Este trabalho centrou-se nos problemas de alimentação e nutrição nas zonas urbanas. Os resultados dos inquéritos permitiram-nos tirar as seguintes conclusões > um grande número de agricultores urbanos produz vários alimentos em toda a comuna; > a produção destes agricultores pode contribuir para a segurança alimentar da população da comuna de Limete em particular e de Kinshasa em geral, abalada pelos efeitos de uma crise multiforme, mas que muito infelizmente, a saúde da população continua a deteriorar-se, afirmou-se o seguinte:

1° A falta de alimentos disponíveis nos agregados familiares contribui para o mau estado de saúde da   população da cidade de Kinshasa;

2° uma parte dos géneros alimentícios (legumes, cogumelos, frutos, sementes, peixe, carne, etc.) consumidos em Kinshasa é produzida (ou colhida) localmente; 3° a maioria dos praticantes da agricultura urbana mostra muito pouco interesse por uma ação concertada e sustentada entre si, apesar de se tratar muitas vezes de agregados familiares   financeiramente   desfavorecidos e mal equipados   ;

4° em geral, eles praticam as técnicas habituais, sem nenhum esforço de melhoria; 5° uma boa coordenação de todas as estruturas dedicadas à agricultura urbana seria um trunfo para melhorar essas atividades com o objetivo de contribuir de forma duradoura para a segurança alimentar dos membros das famílias na cidade de Kinshasa. O caso da comuna de Limete.

Para verificar esta hipótese, foi efectuado um estudo na Comuna de Limete para encontrar respostas à questão de como garantir a segurança alimentar da população familiar, ou como encorajar as famílias a alimentarem-se corretamente (em vez de as ensinar a cultivar ou a criar gado), com vista a examinar as possibilidades de encontrar uma solução para a saúde da população da cidade.

Os resultados deste último estudo mostraram :

- Não está a ser feito um esforço suficiente para desenvolver os vários recursos alimentares que crescem espontaneamente para complementar a gama de alimentos já cultivados na capital;

- a quase inexistência de um sistema social de produção. Os agricultores trabalham individualmente. Por conseguinte, é difícil supervisioná-los e apoiá-los na execução de qualquer plano de recuperação. Além disso, no caso dos pequenos agricultores, quase não têm acesso a qualquer apoio. Encontram-se dispersos pela cidade, cultivando e/ou criando gado em pequenas áreas de terra que não são suficientemente reconhecidas e protegidas pelas autoridades públicas;

- I insuffisance de rationalite et de l'efficacite des ecotechniques adoptëes. As mais adaptëes conseguem produzir mais alimentos de boa qualidade e de forma rёдиHёre, ao mesmo tempo que cuidam das gerações futuras com respeito pelo ambiente. Utilizam os mëtodos habituais sem dominarem as consëquências das suas acções. Isto explica as escassas colheitas, não quantificadas e mesmo não quantificadas em números, a presença de múltiplas formas de contaminação através de frutas, legumes e carne, e o empobrecimento do solo. A estas carências juntam-se as de técnicas adequadas de conservação e de transformação desta produção;

- a insegurança alimentar, tanto em termos de recursos alimentares vegetais e animais como em termos de alimentos básicos consumidos na cidade. Esta é uma das razões da falta de saúde da população da Comuna;

- a falta de facilidades de crédito ou de outras fontes de financiamento para os pequenos e

grandes operadores (de instalações de produção e de transformação);
- a insegurança criada pelas pilhagens e querelas políticas no país.

Por conseguinte, foram previstas e sugeridas várias melhorias com vista à criação de um quadro institucional capaz de popularizar e defender os princípios de desenvolvimento de uma agricultura respeitadora da vida e do ambiente. Uma agricultura onde cada agricultor deve procurar sempre conciliar a ecologia, a economia e o social. Uma agricultura que privilegia os núcleos associativos de produção, através dos quais cada agricultor procurará alcançar a segurança alimentar da sua aldeia, mantendo-se solidário com as gerações actuais e futuras. Finalmente, a agricultura praticada em áreas de amënagëes de terra reconhecidas e proteëgëes pelos poderes públicos. Estas diretrizes recomendam que se dê prioridade a:

1° ação concertada dos agricultores, dos organismos de controlo, das colectividades locais e de todos os intervenientes na produção agrícola do município;

2° o desenvolvimento dos agricultores, protegendo o seu emprego, a sua segurança e a qualidade das suas relações humanas;

3° valorizar todos os recursos alimentares que crescem à volta dos que já estão a ser utilizados. Tirar o máximo partido deles, como se faz com a ervilha quadrada africana (Kikalakasa). E sempre a pensar nas gerações futuras. Transformar esta produção só pode prolongar a duração deste abastecimento alimentar.

4° integrar as actividades agrícolas para poupar energia ;

5° reconhecimento destas actividades e sua proteção pelas autoridades públicas;

6° a utilização preferencial de biofertilizantes e biodesinfectantes que possam ser utilizados de forma racional;

7° quantificar e manter estatísticas de produção,

8° lutar contra todas as fontes de envenenamento das frutas, legumes e carne produzidos nas instalações;

9° Melhorar as espécies e as ecotécnicas de produção e lutar contra todas as formas de poluição;

10° a disponibilidade permanente e a acessibilidade de alimentos de qualidade para toda a população, incluindo os mais pobres da comuna.

Que tudo o que prëcëde ser para a segurança alimentar das famílias seja transmitido por uma educação mesológica sustentada e contínua.

De facto, "não há ëcodëdesenvolvimento sem ëeducação para o ecodesenvolvimento". Por conseguinte, a educação ambiental, devidamente entendida, deve ser global, deve estender-se a toda a existência humana e deve refletir as mudanças de um universo em rápida transformação. I. A educação ambiental deve estar aberta à comunidade. Deve envolver os indivíduos num processo ativo de procura de soluções para os problemas da sociedade; deve encorajar a iniciativa, a responsabilidade e o empenho na construção de um mundo melhor. A educação, entendida neste espírito, é o verdadeiro catalisador do desenvolvimento. É o fermento que faz crescer a massa, escreveram Sachs et al (1981).

Na cidade de Kinshasa, durante a década de 1990-2000, marcada pela destruição da situação económica e sanitária da população, principalmente devido ao incumprimento das resoluções da Conferência Nacional Soberana, à rutura das vias de abastecimento alimentar da capital e aos efeitos da guerra de libertação conduzida pela AFDI e outros, os agregados familiares integraram a produção agrícola urbana nas suas estratégias de luta contra os graves problemas de saúde dos seus membros, Os agregados familiares integraram a produção agrícola urbana nas suas estratégias de luta contra os graves problemas de saúde com que os seus membros se defrontam, e novos factos estão a surgir como novos problemas que devem conduzir a um novo cenário para a agricultura adaptada à emancipação urbana de Kinshasa 2025-2035. Seria igualmente aconselhável que os agricultores urbanos adoptassem novas técnicas de produção, incluindo a produção sem solo, a permacultura e o melhoramento de novas espécies indígenas ou não indígenas. A investigação ecológica, agronómica e ambiental seria um trunfo importante para reforçar a segurança alimentar.

BIBLIOGRAFIA

Agence Nationale de Mëtëorologie et Tëlëdëtection par Satellite Station de Binza, 2015 Données climatiques de la dëcennie 1997-2006, Kinshasa.

[eme]Anónimo, 1984 Memento de l'Agronome 3 edition Techniques rurales en Afrique, Paris.

[eme]Anónimo, 1989 Memento de l'Agronome, 3 edição Techniques rurales Paris.

Anónimo, 2023 Qual é a população da República Democrática do Congo em 2023? Demografia da República Demográfica do Congo. Qual é a população atual da República Democrática do Congo, População e Demografia Congo Job ecer. com A 106 Welded Fin Tubes Ecer.com official Site & leading Global B2B Platform, publicado em 25/09/2023.

Ashah G.M.M., 1997 Contraint a l'agriculture urbaine, *Spore* (67), CTA, 10.

Aubert C., 1977 L'agriculture biologique, Pourquoi et comment la pratiquer? Ed. Le Courrier du livre.

Autissier V., 1994 Jardins des villes, jardins des champs-maraichage en Afrique de 1 de Ouest du diagnostic a l'intervention. Coleção de Pont. Ed. du GRET, França.

Aya, 2023 Cultivo sem solo: vantagens e desvantagens Vantagens e desvantagens do cultivo sem solo
Os inconvenientes da cultura sem solo. Este é o nosso desafio quotidiano, *AgriMaroc*.Ma Técnica AGF SIPCAN.

Azoulay G., 1998 Enjeux de la Securite alimentaire mondiale, *Cahiers Agricultures*, 7(6) CIRAD 1992-2015, 1-7.

Banco Mundial, 2023 O que é a segurança alimentar? O que é a segurança alimentar e como é que o Banco Mundial a promove?

Boulianne M., 2016 Agriculture urbaine, In Anthropen.org, Paris, Editions des archives contemporaines.

Bureau d'Etudes, d'Amenagement et d'Urbanisme- BEAU, 1986 Consommation des produits vivriers a Kinshasa et dans les grandes villes du Zaire, Kinshasa.

BDOM, 1996 Relatório trimestral sobre a zona sanitária de Kingabwa / Hospital Ch. e a maternidade de Liziba, Kinshasa.

Bricas, N.,   2012 Securite alimentaire in Poulain J.P. (Ed.) Dictionnaire des cultures alimentaires, Paris, PUF.

Brown J.E & Brown R. CMD, 1977 Manuel pour la lutte contre la malnutrition des enfants, un guide pratique au niveau de la Communaute, Kananga Zaire.

[eme]CEPLANUT, 1987 Education nutritionnelle -3 annëe- Besoin nutritionnel des groupes vulnerables, dëpistage de la malnutrition par le perimetre brachial, Kinshasa.

CEPLANUT, 1987 Guide de la fiche de croissance, Saint Paul, Limete Kinshasa.

CEPLANUT, 1994 Estado da situação nutricional do Zaire, Kinshasa 1994 Kinshasa.

CEPLANUT, 1996 Formação em nutrição para animadores e chefes de aldeia no Kwango-Kwilu, Kinshasa.

CEPLANUT, 1996 Organização não governamental e segurança alimentar na cidade de Kinshasa, Kinshasa.

CEPLANUT/FAO, 1994 Estado da situação nutricional do Zaire, Kinshasa.

CEPLANUT/UNICEF, 1996 Enquete sur la localisation des poches de malnutrition dans la ville de Kinshasa, Kinshasa.

Clements F.E.,1916 Plants succession, an analysis of the development of vegetation Publicado pelo Instituto Carnegie de Washington.

eme Comité de Segurança Alimentar Mundial, 2012 Acordo sobre a terminologia, CFS, 39ª sessão, 5-20 de outubro.

Comissão Mundial sobre o Ambiente e o Desenvolvimento, 1988 O Nosso Futuro Comum, Ed. du Fleuve. Les publications de Quebec, Canadá.

Conferência das Nações Unidas sobre Ambiente e Desenvolvimento (CNUAD), 1993 Agenda 21, Declaração do Rio sobre Ambiente e Desenvolvimento. Declaração dos Princípios Florestais, Nações Unidas, Nova Iorque.

Dajos R., 2000 Precis d^cologie Dumond, Paris.

Degroote V.A., 1970 Table de composition alimentaire des aliments a l'usage de l'Afrique. FAO Nutrition Paper, Roma, Itália.

Département de l'agriculture, 1987 Programme d'appui et d'organisation du secteur maraicher de Kinshasa, Kinshasa.

Département de l'agriculture et du Déve1oppement rural, 1987 Situation actuelle de l'agriculture Zairoise, Kinshasa.

De Rosnay, Sd Le macroscope vers une vision globale, Ed. du seuil Paris.

Dupriey H. & de Leener P., 1987 Jardins et vergers d'Afrique Terres et vie, Ed. L'Harmattan, Apica Enda, CTA, Paris.

Ekofo S., 1989 Introduction aux techniques de tirage des echantillons dans les enquetes socio-économiques, *Cahier Zairois de recherche en Sciences humaines*, Centre de recherche en Sciences humaines, Kinshasa, Republique du Zaire, 1 (1), 163-181.

Essanga T., 1989 L'Enquete par sondage a partir d'un questionnaire applique a la recherche en Education, *Cahier Zairois de recherche en Sciences humaines*. Centro de Investigação em Ciências Humanas, Kinshasa Republique du Zaire, 1(1), 183-194.

Faburel G., 2003 Vider les villes? Ecologies, le vivant et le social Editions La Découverte coordenado por Philipe Boursier e Cldmence Groumont, Paris.

Favier J.C., Ripert J.I., Laussucq C., Feinberg M. & Ciqual CNVA. 1993 Table de composition des fruits exotiques, fruits de cueillette d'Afrique-Repertoire general des animaux, Tome 3 Ed. ORSOM, TEC DOC, INRA, Paris.

FAO, 1970 Table de composition des aliments a l'usage de 1'Afrique, Document sur la nutrition 3, FAO, Roma, Itália.

FAO, 1981 Manuel d'inventaire forestier FAO Forestry Studies 27, FAO, Roma.

FAO, 1964 Les protdines nreud du probldme alimentaire mondial, Itália.

FAO, 2014 Agricultura urbana (archive.wikiwix.com " consultado em 3 de janeiro de 2024.

Giordan A. & Saltet J., 2011 Apprendre a prendre note Librio 999A Ined. Flammario, Paris.

emeGobalt J.M., Aragno M. & Matthey W., 2003 Le sol vivant 2 ed. Revue et augmentee Presses Polytechniques et Universitaires Romaines, Lausanne.

Gossens P., Mintem B. & Tollens E., 1994 Nourrir Kinshasa, L'approvisionnement local d'une mdtropole africaine, Ed. L'Harmattan.

Gutu kia Zimi F., 2021 Kinshasa megapole verdoyante en crise. O desafio da gestão urbana e ambiental, Author House, EUA.

Harlan R.J., 1987 Les plates cultivdes et l'homme, Presses Universitaires de France, Paris.

Houyoux J., 1973 Budgets menagers, nutrition et mode de vie a Kinshasa (Republique du Zaire) Presses Universitaires du Zaire, Kinshasa.

HRP, 2022 Plano de Resposta Humanitária na República Democrática do Congo.

INS, 1984 Totaux definitifs, Zaire, Recensement scientifique de la population Republique du Zaire, Kinshasa.

INS, Departement du Plan, 1989 Enquete budgets menagers Ville de Kinshasa 1985 Principaux resultats. Direção dos inquéritos económicos, Kinshasa.

INS, 1992 Totaux definitifs, groupement/quartier, vol. 1 Kinshasa, Bas-Zaire, Bandundu, Kinshasa.

INS, 1993 Projection demographique 1984-2000 Zaire et Regions Recensement scientifique de population juillet, Kinshasa.

Information sanitaire au Zaire (ISAZ), 1997 Relatório anual com base nos dados de 1995. Fundação Danien M.S.F. Memisa, Kinshasa.

Kabeya M., Lukebakio N., Kazika K. & Paulus J. Sj., 1994 Inventaire de la flore domestique des parcelles d'habitation Cas de Kinshasa (Zaire), *Revue Medecine et Pharmacopee Africaine*, 8 (1), 58-66.

Kabeya M., Makungu, Mutuba & Paulus J., 1992 Projet " Jardins et Elevage de Parcelle" Rapport annuel 1992, Kinshasa.

[eme]Lacoste A.& Salanon R., 1999 Etements de ЫодёодгарЫе et d^cologie 2 Ed. Nathan Coll. cree par Henri Mitterand, Paris.

Lebrun J. & Stork A. L., 1991 Епитёгайоп des plantes a fleurs d'Afrique tropicale Vol.1 generalite et *Annonaceae* a *Pandaceae*, Conservatoire et jardin botanique de la ville de Geneve, Suisse, Geneve.

Lebrun J. & Stork A. L., 1992 Enumëration des plantes a fleurs d'Afrique tropicale Vol.1I *Chrysobalanaceae* a *apiaceae* avec collaboration de Roger M. Pothil Kew et Delwiens, Utach (*Loranthaceae* et *Viscaceae*, Conservatoire et jardin botanique de la ville de Geneve, Suisse, Geneve.

Lebrun J. & Stork A. L., 1995 Enumëration des plantes a fleurs d'Afrique tropicale Vol.1II Monocotyledones *Limnocharitaceae* a *Poaceae* avec la collaboration de Peter Gold Lott (*Iridaceae*) Conservatoire et jardin botanique de la ville de Geneve, Suisse, Geneve

Lebrun J. & Stork A. L., 1997 Enumëration des plantes a fleurs d'Afrique tropicale Vol.1V *Gamopedales Clethraceae* com a colaboração de Laurant Gautier Geneve (*Sapotaceae*) Conservatoire et jardin botanique de la ville de Geneve, Suisse, Geneve.

Lei federal n.º 73-021, de 20 de julho de 1973, que estabelece o Regime Geral dos Bens, o Regime Financeiro e Mobiliário e o Regime de Garantias, modificada e completada pela Lei n.º 80- 008, de 18 de julho de 1980.

Maisonneuse C.,   1999 La securite alimentaire des menages a Kinshasa. República Demografia do Congo. Ação contra a fome (Action Against Hunger - EUA) setembro-dezembro.

Makumbelo C.,   1999 Algumas possibilidades de desenvolvimento para a melhoria da agricultura urbana que pode contribuir para a segurança alimentar das famílias. Cas de la Commune de Limete, Mëmoire prësentë et dëfendu en vue de l'obtention du grade de Diplome Spëcial (D.S.) en Gestion de l'Environnement Dëpartement de Biologie / Programme de Gestion de l'Environnement, Facu№ des Sciences, Universite de Kinshasa, RD Congo. Kinshasa.

Makumbelo E., Lukoki L., Paulus J. & Luyindula N., 2002 Inventaire des especes vegetales mises en culture dans les parcelles en milieu urbain. Cas de la commune de Limete, Kinshasa, RD Congo, *Tropicultura* 20 (2), 89-95.

Makumbelo E., Paulus J.J.sj., Luyindula N. &, Lukoki L., 2005 Apport des arbres fruitiers a la securite alimentaire en milieu tropical : Cas de la Commune de Limete-Kinshasa Republique Demographique du Congo, *Tropicultura* 23 (4), 245-252.

Makumbelo E., Lukoki L., Paulus J. & Luyindula N., 2007 Strategie de valorisation des especes ressources des produits non ligneux de la savane des environs de Kinshasa I Enquete ethnobotanique, *Tropicultura* 25(1), 51-65.

Makumbelo E., Lukoki L., Paulus J. & Luyindula N., 2008 Stratëgie de valorisation des especes ressources des produits non ligneux de la savane des environs de Kinshasa II Enquete ethnobotanique, Aspects mëdicinaux, *Tropicultura* 26(3), 129-133.

Makumbelo E., Lukoki L. & Bikoko E., 2016 Enquete ethnobotanique a Kinshasa et carte phytogëographique sur trois especes de *Burseraceae*, *Revue C.R.I.D. U.P.N.* (066c) Janvier - Mars, 21-29.

Makumbelo C.E., 2023 Gestion durable et strategie d'intervention Cas de la savane de Kinshasa de Wamba (RD Congo), Presses Academiques Francophones.

Makumbelo C.E., Lukoki F.L. & Belesi H.K., 2023 Caracteristicas ecologicas, Evolução e Regeneração natural- Reserva e Domaine de Chasse de Bombo Lumene (RD Congo), Editions Universitaires Europeennes.

Mataka K.D., 1994 Proteção dos ecossistemas e desenvolvimento das sociedades, Estado de urgência em África, Coll. "Environnement", Ed. L'Harmattan.

Mbemba F. & Remacle J., 1992 Inventaire et composition des aliments du Kwango-Kwilu au Zaire Presses Universitaire de Namur, Belgium.

Mercier J.R., 1980 Energie et agriculture, le choix ecologique, ed. Debard, Paris.

Messiaen C., 1974 Potager tropical-1- Generalite, Coll. techniques vivantes, Presses Universitaires de France, Paris.

Ministério da Agricultura e do Desenvolvimento Comunitário, SNV, 1992 Guide de vulgarisation n°1-Culture vivrieres, Kinshasa, SNV/FAO Zaire, abril, Kinshasa.

Ministere de l'Agriculture et Developpement communautaire, SNV, 1993 Guide de vulgarisation n°3-Culture maraicheres, Kinshasa, SNV/FAO Zaire, setembro, Kinshasa.

Ministere de l'Agriculture et Developpement communautaire, SNV, 1994 Guide de vulgarisation n°5-Petits elevages, Kinshasa, SNV/FAO Zaire, abril, Kinshasa.

Ministere de l'Agriculture, Animation rurale et Developpement communautaire, 1991 Plan directeur du développement agricole et rural, Kinshasa, maio.

Ministérios: Plano, Agricultura e Pecuária, Educação Nacional, Ambiente, Conservação da Natureza e Turismo/PNUD/UNOPS, 1998, Securite alimentaire, production et commercialisation, Ville de Kinshasa, Plan triennal (1998-2000) RD Congo, Kinshasa.

Mitja D., 1992 Influence de la culture itinerante sur la vegetation d'une savane humide de Cote d'Ivoire (Booro-Borotou-Touba) Ed. de l'ORSTOM Institut frangais de Recherche scientifique pour le developpement et cooperation Collection Etudes et Theses, Paris.

Monama O., Mukinayi M. & Siku B., 1985 Chaine trophique du plomb, *Revue Zairoise des Sciences nucleaires*, 6 (special), 226-237.

Moran E.F., 1996 Utilisation des connaissances des populations indigenes dans la gestion des ressources de divers ëcosystëmes amazoniens in Alimentation en foret tropicale Interactions bio culturelles et perspectives de dëveloppement Vol. II Bases culturelles des choix alimentaires et stratëgies de dëveloppement 1'Homme et biosphere Ed. UNESCO Paris, 1202-1204.

Morard P, 1995 Les cultures vëgetales hors sol Edition Lavoisier. www. Lavoisier.Fr.

Mosher A.T., 1967 Para uma agricultura moderna. Les impëratifs du dëveloppement et de la modernisation, Coll. Nouveaux Horizons, Les ëd. Internationales, Paris.

Muluma M.G.T., 2003 Le guide du chercheur en Sciences sociales et humaines Les Ed.

SOGEDES, RD Congo, Kinshasa.

Musibono D.E., Biey E.M., Kisangala M., Nsimanda C.I., Munzundu B.A., Kekolemba V. &Palus J.J., 2011 Agriculture urbaine comme reponse au chomage a Kinshasa, Rëpublique Dëmocratique du Congo, *Open Edition Journals* (*VertigO*) *La revue electroniqueenSciencesdel' Environnement11* (1). https//:doi.org/10.4000/Vertigo.10818.

Mutuba & Paulus J sj, 1994 Projet "Jardin et Elevage de Parcelle" Rapport annuel, 1994, Kinshasa.

Nações Unidas, 1972 Confërences, Environnement et dëveloppement durable, Confërence des Nations Unies sur l'Environnement, du 5 au 16 Juin 1972 Stockholm.

Norma G. & Savard J.G., 1978 Statistiques Les Ed. HRW LEE Canada, Montreal.

Paulus J., Kabeya M., Mutuba N., Musibono E. & Mbemba F., 1989 Role des jardins et ëlevages de parcelle dans 1 alimentation urbaine. O caso de Kinshasa. [ce]Alimentation et nutrition dans les pays en voie de dëveloppement, 4 '" jouniees scientifiques Internationales du Germ SPA (Belgique) 23-29 avril, Ed. Karthala, ACCT et AUPELF, Paris et Montreal, 45-49.

Pauwels L., 1982 Plantes vasculaires des environs de Kinshasa. Ed. Luc Pauwels, 14, av. G. Vandersmissen, 1040 Bruxelles.

Pauwels L., 1993 N'zayilu Nti, guide des arbres et arbustes de la region de Kinshasa-Brazzaville. Ed. Jardin botanique national de Belgique Meise, Bélgica.

Ramade F., 1982 E^ments d^cologie, Ecologie applique, Groupe Mc. Graw Hill Group, Paris.

Sachs I., Bergeret A., Schiray M., Sigal S., Thery D. & Vinaver K.,1981 Iniciação a l'Ecodëveloppement, Privat, Toulouse, França.

Srinshw N.S. Taylor G.E. & Gordon, 1991 Interações entre o estado nutricional e as infecções OMS, Genebra.

Tazenas du Montcel H., 1985 Le bananier plantain. Ed. Maisonneuse et Larose, Paris.

Touraille C., 1977 Editorial, *Nouvelles de I'Ecodeveloppemenl* (1), CIRAD, França.

União Internacional para a Conservação da Natureza e dos Recursos Naturais (UICN), 1980 Estratégia Mundial para a Conservação dos Recursos Vivos para o Desenvolvimento Sustentável. Secção 1 Ed. IUCN, UNEP, WWF, Gland Suíça.

[eme]Van Den Abeele M. & Vandenput R., 1956 Les principales cultures du Congo belge 3 ed. Bruxelas.

Vandenput R., 1981 Les principales cultures en Afrique centrale, Vandenput R. Editeur, Bruxelles.

Vangu L., 1995 Securite alimentaire au Zaire, contribution de CDI-Bwamanda a la production vivriere (riz, mais, soja, arachide) et l'agriculture familiale 1990-1995 Kinshasa.

White L. & Ann E., 2001Conservation en foret pluviale africaine Methodes de recherche Wide live Conservation Society Premiere Ed. Frangaise, Gabão Libreville.

Wong J.L.G., Thormber K. & Baker N., 2001 13 Assessment of non-wood forest product resources Experience and principles of biometrics Non-wood forest products FAO Italy, Rome.

[eme]Wonnacott J.H. & Wonnacott R.J., 1991 Statistique Economique-Gestion -Sciences Medecine (avec Exercices d'application) 4 Ed. Economia, Paris.

WEBGRAFIA

www.agrimaroc.ma, consultado em 22 de dezembro de 2023.

www. Congo Job ecer.com, consultado em 5 de janeiro de 2024.

en.m.wikipedia.org, consultado em 6 de janeiro de 2024.

www. Lavoisier.Fr, consultado em 22 de dezembro de 2023.

www.techno-Science.net **Ecologia urbana-Definição** consultada em 22 de dezembro de 2023.

www.touphie.org, consultado em 22 de dezembro de 2023.

www. Un.org, consultado em 10 de janeiro de 2024.

www.unicef.org>drcongo>crianças consultadas em 25 de dezembro de 2025.

Tabela 38. Lista das espécies alimentares encontradas nos vários locais de estudo.

Nómeno língua local	Nome francês (Nome científico)	Tipos de Eu espero	Número de agregados familiares com esta espécie	Estrato onde a espécie pode ser encontrada
Loso	Arroz de pântano (*Oryza sativa* L. - *Poaceae*)	Cereais	31	(1)2,7
Matembele	Folha de batata-doce (Ipomoeabatatas (L.)-) *Convulacaceae*)	Lëgume	73	1,2,3,4,5,6,7,9.
Pondu-kautsu	Folha de mandioca (*Manihot glaziovii* Miill Arg. - *Euphorbiaceae*)	Lëgume	68	1,2,3,4,5,6,7,9.
Kikalakasa	Ervilha quadrada africana (*Psophocarpus scandens* (Engl.) Verdc.- *Fabaceae*)	Lëgume	22	2,4,5,6,7.
Bitekuteku	Amaranto (*AmaranthusviridisL* .- *Amaranthaceae*)	Lëgume	20	1,2,3,4,5,6,7,9.
Ngai-ngai	Azeda comum (*Hibiscus acetocsella* Welw. Ex Hiern - *Malvaceae*)	Lëgume	7	1,6,9.
Ngai-ngai	Sorrel (*HibiscussabdariffaL* .- *Malvaceae*)	Lëgume	7	1,6,9.
Chu	Couve chinesa (*BrassicaoleraceaL* . var chinensis - *Brassicaceae*)	Lëgume	5	5
Ponta preta	Cravo (*Brassica* rapa L. var pekinensis - *Brassicaceae*)	Lëgume	5	1,3,5 .
Tomate	Tomate (*Lycopirsicum cerasiforme* Dunal - *Solanáceas*	Leguminosas	3	6,9.
Dongo dongo	Quiabo (*Abelmoschusesculentus* (L.) Moench. - *Malvaceae*)	Leguminosas	2	3
Madesu	Feijão (*Phaseolus vulgaris* L. - *Fabaceae*)	Leguminosas	2	3,9.
Epinar	Espinafres (*Brasella alba* L. - *Basellaceae*)	Leguminosas	2	6

Pilipili	Malagueta (*Capsicum frutescens* L. - *Solanaceae*)	Leguminosas	1	6
Mutamwa	- (*Crassocephalumsarcobasis* (DC) S. Moore - *Asteraceae*)	Leguminosas	1	3
Soja	Soja (*Glycinemax* (L.) Merrill-) *Fabaceae*)	Leguminosas	1	9
Kataba	- (JusticiastrataInsularis T.(Anderson) *Acanthaceae*)	Leguminosas	1	3
Minka	(*PhytolaccadodecandraL* . I leritier - *Phytolaccaceae*)	Leguminosas	1	9
Bilolo	Morelle (*Solanumaethiopicum*- *Solanaceae*)	Leguminosas	1	3
Milambwa	Beldroegas (*Talium triangulare* (Jacq) Willd. *Talinaceae*)	Leguminosas	1	3
Mayebo	Cogumelo ostra (*Pleurotus sajor* caju	Cogumelo	1	5
Manga	Mangueira (*Mangifera indica* L. (*Anacardiaceae*)	Árvore de fruto	119	1,2,5,6,7,9.
Avoka	Abacateiro (*Persea americana* Mill. *Lauraceae*	Árvore de fruto	87	1,2,5,6,7,9.
Pagar para pagar	Papaia (*Carica papaya* L. *Caricaceae*)	Árvore de fruto	59	1,2,3,4,5,6,7,9
Mbila	Óleo de palma (*Elaeis guineensis* Jacq *Arecaceae*)	Árvore de fruto	59	1,2,5,6,7,9.
Makemba	Banana (*Musa paradisiaca* L. Musáceas	Árvore de fruto	59	1,2,3,4,5,7,9.
Nsafu	Seguro *Dacryodes edulis* (G.Don) H.J. Lam *Burseraceae*)	Árvore de fruto	30	1,2,3,5,6,7,9.
Mundenge	Creur de breuf (*Annona squamosa* L. *Annonaceae*)	Árvore de fruto	21	1,2,3,5,6,7,9.
Sitro	Limoeiro (*Citrus limon* (L) Burm.f. Rubiáceas	Árvore de fruto	21	2,3,6.

Pom	Macieira (*Eugenia malaccensis* L. *Myrtaceae*)	Árvore de fruto	19	1,2,3,4,5,6,7,9.
Madarina	Madarinier *Citrus reticulata* Blanco *Rutáceas*	Árvore de fruto	15	2,3,6.
Koko	Cana-de-açúcar (*Saccharum cofficinarum* L. *Poaceae*)	Árvore de fruto	11	1,2,2,5,6,7,9.
Kofitur	Prumier de (*Flacourtia ramontchi* L. Merit *Flacourtiaceae*)	Árvore de fruto	6	2,5,9.
Senhora	Badamier *Terminalia catappa* L. *Combretaceae*)	Árvore de fruto	6	1,5,6,7,9.
Nzeteya santu Petelo	Árvore de pão *Artocarpus altilis* (Park.) Fosberg *(syn. Artocarpus incisa* L.f.) Moraceae	Árvore de fruto	5	2,5,6,9.
Goiaba	Goiaba (*Psidium guajava* L. (Myrtaceae)	Árvore de fruto	5	1,5,6,9.
Pakapaka	Carambolier (*Averrhoa carambola* L. (*Oxalidaceae*)	Árvore de fruto	1	1
Soso	Galinha (*Gallus Gallus* (*Gallus domestica*) *Gallinacees*	Espécies animais	43	1,2,3,5,6,7,9.
Libata	Pato comum -Baribarie (*Anas platyrineros Austedias*)	Espécies animal	13	2,3,5,6,7,9.
Pombo	Pombo (*Collumba livia Collumbidae*)	Espécies animais	6	1,5,6.
Kobaye	Porquinho-da-índia (*Covia porcellus* L. *Cavidae*)	Espécies animais	2	5,6.
Ngulu	Carne de porco (*Sus domesticus* *Sus sera fa domesticus Suidae*)	Espécies animais	2	5,6.
Taba	Cabra (*Carra Hircus domestica* *Caprides*	Espécies animais	1	6
Kanga	Pintassilgo comum *(Numida mibagris* *Phaesiamides*)	Espécies animais	1	6

More
Books!

info@omniscriptum.com
www.omniscriptum.com
OMNIScriptum